大众美好生活系列

农家安全
用水与用电

张晨雯 ◎ 主编

U0324220

山东科学技术出版社

图书在版编目（CIP）数据

农家安全用水与用电 / 张晨雯主编 . —济南：山东科学技术出版社 , 2019.5（2020.10 重印）

（大众美好生活系列）

ISBN 978-7-5331-9773-5

Ⅰ . ①农… Ⅱ . ①张… Ⅲ . ①农村给水 – 饮用水 – 给水卫生 – 基本知识 ②农村 – 安全用电 – 基本知识 Ⅳ . ① R123.9 ② TM92

中国版本图书馆 CIP 数据核字 (2019) 第 014496 号

农家安全用水与用电
NONGJIA ANQUAN YONGSHUI YU YONGDIAN

责任编辑：于　军
装帧设计：侯　宇

主管单位：山东出版传媒股份有限公司
出 版 者：山东科学技术出版社
　　　　　地址：济南市市中区英雄山路 189 号
　　　　　邮编：250002　电话：（0531）82098088
　　　　　网址：www.lkj.com.cn
　　　　　电子邮件：sdkj@sdcbcm.com
发 行 者：山东科学技术出版社
　　　　　地址：济南市市中区英雄山路 189 号
　　　　　邮编：250002　电话：（0531）82098071
印 刷 者：山东新华印刷厂潍坊厂
　　　　　地址：潍坊市潍州路 753 号
　　　　　邮编：261031　电话：（0536）2116806

规格：小 16 开（170mm×240mm）
印张：6.25　　字数：86 千　　印数：8001~12000
版次：2019 年 5 月第 1 版　　2020 年 10 月第 3 次印刷
定价：25.00 元

主　编　张晨雯

副主编　刘　霞　陈　平

编　者　王秀丽　王　静　刘纪军　刘　芹

　　　　　李玉喜　李炳庆　李　瑞　李慧丽

　　　　　辛　红　张玲玲　侯　丽　徐　力

　　　　　徐建桥　高　鹏

编者的话

　　所谓"美"，自然离不开美学、美感，在你的生活中创造美、发现美，需要你放慢生活的节奏，学会品味生活并且做出智慧的选择。创造美好生活是一种艺术，或者说是一种"魔法"，能够让人的感官或者心理产生愉悦。你只有内心丰盈、恬静，怀着一颗感恩之心，才能注意到、感受到、看到存在于你身边的美。

　　当前人们的物质和精神生活都极大丰富了，倡导科学、健康、文明的现代科学生活方式，引导人们树立科学的人生观、富而思进，不断提高生活质量，是我们需要思考和研究的课题。我们作为现代人，要了解中国传统文化和传统生活方式，不断取其精华、去其糟粕，重新定位自己的生活方式坐标。本丛书涉及中国传统文化、品质生活、妇幼保健、家庭用药、安全用水用电等方面，让你了解什么是品质生活，如何保持健康向上的生活理念，如何解决生活细节的难题，从而更好地规划人生、品味人生、享受人生。

目 录

第一章 农村安全饮用水

一、生活饮用水

水是生命之源，获得安全饮用水是人类生存的基本需求。世界卫生组织调查指出，人类疾病中 80% 与水有关。水还是改善和提高生活质量的必备条件。因此，获得安全饮用水是保证人体健康的基本条件。

1. 水对人体的作用

水在人体中参与食物的消化和吸收，参与体内代谢及代谢产物的排泄，参与体温调节，保持关节、肌鞘器官的润滑和柔和等，是维持生命和新陈代谢必不可少的物质。

人体每日需要的水量，随年龄、气候和劳动强度等因素的不同而有差异。在一般条件下，健康成人每日需要水的总量约为 2 500 毫升。人体主

要通过 3 种途径补水：饮水、食物中含的水和体内代谢产生的水。

2. 生活饮用水的种类与卫生

现在市场上水的种类很多，如纯净水、矿泉水、天然水、蒸馏水、富氧水等，但适合我们长期饮用的水，应当是符合卫生标准的自来水。因为自来水中含有大量对人体有益的物质，是既安全又实惠的饮用水。

饮用纯净水是以符合生活饮用水卫生标准的水为水源，采用蒸馏法、去离子法或离子交换法、反渗透法等加工制得的，密闭于容器中且不含任何添加物，可直接饮用。纯净水在去除有害物质的同时，也降低了有益健康的矿物质含量。

天然矿泉水是从地下深处自然涌出或经人工开采的、未受污染的地下水。矿泉水含有一定量的矿物盐、微量元素或二氧化碳气体，有利于人体健康，水的口感也较好。

与自来水相比，桶装水被认为是干净、安全的。然而，我国某地质量监督部门抽检 686 批次瓶（桶）装饮用水产品，合格率仅为 77%。专家提醒消费者：桶装水的质量不单与生产环节有关，水源、水桶、使用过程等任何一个环节都有可能造成污染。因此，在选购和使用桶装饮用水时，应购买标注有 QS 准入标志、市场上有一定知名度的产品，千万不要购买无证产品；即使是质量较好的桶装饮用水，开封后放置时间太长也易滋生细菌，应尽快饮用完。

饮水机经过长期使用，常会引起污染，危害人体的健康，因此，饮水机需定期清洗消毒。切断饮水机电源，取下水桶，打开饮水机背后的排污管，将剩余水彻底排净。用中性清洁剂清洗机体表面和托盘等部件。用镊子夹住酒精棉花，仔细擦洗饮水机机芯和盖子的内外侧。将专业消毒剂溶解到水中，充盈饮水机腔体，留置 10 ~ 15 分钟。打开饮水机的所有开关，包括排污管和饮水开关，排净消毒液。用清水反复冲洗饮水机整个腔体，直至没有异味。

3. 健康喝水

人们喝水，一般要等口渴了再喝，这是不合理的。口渴是人大脑中枢发出要求补水的信号，说明体内水分已经失衡，此时补水不利于人体的健康。喝水太多也不一定是好事，会加重心血管负担，甚至引起水肿。此外，人体内水分过多会使排尿量增加，矿物质也容易随着尿液流失。因此，喝水最好养成定时定量的习惯。

一些医学专家主张清晨空腹喝一杯开水。这是因为人在睡眠时出汗和分泌尿液，损失了很多水分，饮一杯水可降低血液浓度，促进血液循环，对降低血压、预防脑溢血和心肌梗死都有好处。人在夜晚睡觉前喝一杯白开水，可帮助消化，促进血液循环，增强解毒和排泄能力。大多数老年人都存在不同程度的动脉血管粥样硬化，加上夜间活动少，血液黏稠度增加，容易形成血栓而发生脑梗死。因此，老年人在夜晚睡觉前饮一杯白开水，能有效预防脑血栓。

人在盛夏或劳动后出汗过多，需补充水分时，最好在饭前 1 小时少量多次饮水，每次 250 毫升左右，15 分钟一次。因为空腹饮下的水，在胃内只停留 2 ～ 3 分钟，很快进入小肠，再进入血液，1 小时左右就可以补充给全身的组织细胞。由于人体内水分达到平衡，可以分泌充足的消化液，增进食欲，帮助消化。若边吃边饮水，则会影响消化液的分泌，导致消化不良。饮水量要适当控制，暴饮会加重胃肠负担，使胃液稀释，既降低了胃酸的杀菌作用，又会妨碍对食物的消化；胃内水量过多、重量过大，还容易得胃下垂。心脏病人暴饮，会因心脏负担过重而诱发心衰。医学专家认为，对于一个健康的人来说，每天应饮用足够的水，不然，生理机能可能会受到损害。

4. 不宜直接饮用的水

（1）生水：河水、溪水、井水、库水等水体中都不同程度含有对人体有害的细菌、寄生虫，人喝后很容易引发急性胃肠炎、病毒性肝炎、伤寒、痢疾及寄生虫感染。特别是随着现代工业、农业的发展，地表水和地下水都不同程度地受到工厂废水、农药残留物等的污染。有医学专家临床统计，直接饮用不经处理的生水，引起病变的患者是不喝生水的 3 倍。

（2）夹生水：人们饮用的自来水都是经过含氯消毒剂灭菌化处理的，可分离出多种有害物质，其中卤代烃、氯仿具有致畸作用。当烧的水未达到 90℃时，水中卤代烃、氯仿含量超过国家饮用水卫生标准的 2 倍。医学专家告诫人们，常饮未煮开的夹生水，患膀胱、直肠癌的几率将增加 20% ～ 30%。当水温达到 100℃时，这两种有害物质会大大蒸发。如果水开后再继续沸腾 3 ～ 5 分钟，则饮用更为安全。

（3）千滚水：千滚水就是沸腾时间较长的水和电热开水器中反复煮沸的水。千滚水因煮沸时间过久，水中难挥发物质如钙、镁等重金属离子和亚硝酸盐的含量很高。久饮这种水，会干扰人的胃肠功能，出现暂

时性腹泻、腹胀。

　　用未经消毒的水漱口和洗涤生吃的蔬菜、水果，是一个重要的疾病传播途径。煮沸是一种行之有效的饮水消毒方法，当水烧到沸点时，打开壶盖，2分钟后盖上继续烧1分钟，这样既可有效杀灭病原微生物，又能使水中的氯气和有害物质蒸发掉。

　　（4）蒸锅水：经多次反复使用的蒸锅水亚硝酸盐浓度很高，常饮这种水或用这种水煮粥，会引起亚硝酸盐在人体内累积中毒，造成消化、神经、泌尿和造血系统病变，甚至早衰、泌尿和造血功能障碍。

　　（5）老化水：老化水就是长时间贮存不动的"死水"。常饮这种水，对未成年人来说，会使细胞新陈代谢明显减慢，影响身体生长发育；中老年人则会加速衰老。据调查，长期饮用老化水（如饮用窖水）地区人的食道癌、胃癌发病率，高出饮用河流水、井水、自来水地区人的1倍。

二、影响农村饮用水水质安全的因素

　　目前，我国一些农村饮用水的水质问题非常突出。造成水质问题的原因，一方面是人为因素，如水源地污染、饮用水输送、处理环节不当等。另一方面是自然因素，即地质本身形成的高氟水、高砷水、苦咸水等。由于各地情况不一，影响饮用水水质的原因各不相同，也存在一些共性。

1. 人为因素对水源水质的影响

人为因素主要包括人为活动，农业化肥、农药的释放，工业及生活废污水的排放等。近年来，随着农业产业结构的改变和畜禽养殖业的快速发展，过量的农药化肥和畜禽粪便造成了对农业水源的污染；另外，工业的高速发展也造成了环境污染，进一步加重了江河湖泊水源和地下水水源污染，农村饮用水水质的恶化对农村居民饮水安全构成了严重威胁。

（1）农业污染源：包括牲畜粪便、农药化肥等，农业污水可使湖泊受到不同程度富营养化污染的危害，造成藻类及其他生物的异常繁殖，水体透明度和溶解氧的变化，地表水水质恶化。通过地表水或土壤水的下渗，也会造成地下水污染。

目前，我国畜禽粪便产生量接近200亿吨，是同期工业固体废弃物的2.7

倍。畜禽粪便中的有毒、有害成分渗入地下水，使地下水溶解氧含量减少，有毒成分增多，严重时使水体变黑、发臭，失去使用价值且难以治理恢复，造成持久性污染。我国农药施用量达 8.2 千克 / 公顷，远远超过发达国家的单位使用量，农药的吸收率仅为 30% ~ 40%，大部分进入了水体、土壤中，导致水体富营养化和其他水体污染。另外，农作物秸秆是农业主要的固体废物之一。这些秸秆大都没有经过综合利用，与生活垃圾一起四处堆放或沿河湖岸堆放，在雨水的冲刷下，大量渗滤液排入水体或直接被冲入河道。每年大量农膜也残存于耕地、土壤或流入沟河中，成为严重的环境污染问题。

（2）城镇及工业污染源：城镇污水及工业废水是水域的重要污染源，含有多种毒性化学物质，若未经妥善处理而直接排放至水体，将严重污染环境。大部分城市和地区都存在一定程度的点状或面状污染。污染区仍然以人口密集和工业化程度较高的城市中心区为主，矿化度、总硬度、硝酸盐、亚硝酸盐、氨氮、铁、锰、氯化物、硫酸盐、pH、氟化物、酚等超标。铁、锰和"三氮"污染在全国各地区均比较突出，矿化物、总硬度、硝酸盐超

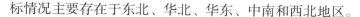

标情况主要存在于东北、华北、华东、中南和西北地区。

（3）生活污染源：主要是日常生活中使用的各种洗涤剂和污水、垃圾、粪便等。生活污水中含氮、磷、硫、致病性细菌较多，可以造成表面水域的富营养化和污染（指水中氮、磷等元素含量过多，使藻类浮游生物获得丰富营养而大量繁殖）。据估算，全国农村生活污水年排放总量约为108亿吨，主要分布在人口密集的东部和中部地区。农村人均日产生生活垃圾已达0.34千克。因农村基础设施比较落后，普遍缺乏基本的排水和垃圾清运处理系统，污水大多不经任何处理就直接排放到村边沟渠或沉积在村庄地面，降雨时最终被冲刷进入水体，使地表水体和地下水体受到污染。

（4）地下水水源污染途径：地下水是农业灌溉、日常生活用水的重要水源，特别是在干旱、半干旱地区。地下水污染源与地表水基本一致，但与地表水相比，地下水的污染途径更为复杂。污染液下渗至包气带，由于土壤的过滤、吸附等自净能力，可吸收污染液，甚至全部消除。只有迁移性强的污染物，再加上包气带厚度较薄时，地下水源才容易遭到污染。利用井、钻孔、坑道或岩溶通道直接排放废液、废水，是利用岩层的过滤、扩散、离子吸附、交换、沉淀等自净作用，使污染物浓度降低。如果排入的污染液太多，超过岩层的自净能力，则会污染地下水。污染地表水侧向渗入污染地下水，呈带状或环状分布。地下水污染程度取决于地表水污染程度、沿岸地表地质结构、水动力条件，以及水源地距岸边的距离等因素。目前，全国有25%的地下水体遭到污染，35%的地下水源不合格，污染地下水的人为因素比例也逐年增高，加强地下水水源的监测和治理保护刻不容缓。

2. 地域性自然因素对水源水质的影响

目前，严重威胁农村居民身体健康的三大隐患水源水质类型为：氟砷含量超标的饮用水、苦咸水、污染的地表水和地下水，前两项主要受自然地理因素影响。自然因素主要是水资源少且分布不均、地质地形条件差，以及部分水源中存在病原微生物污染等。有些地表或地层中岩石土壤含有微量有毒有害化学元素，逐渐溶入饮用水水源中，如氟、砷等。

3. 供水方式对水源水质的影响

在广大农村分为集中式供水和分散式供水。集中式供水包括水厂自来水和一村集中共用一口井的非自来水，分散式供水则是指一家一户用一口井的不同水源取水方式。不管是集中式供水，还是分散式供水，基本均无任何防护措施，而且水源在饮用前均未经任何的消毒处理，所谓的自来水实际上只能算是方便水。分散式供水主要的卫生问题是村民缺乏安全意识，为图方便在自家庭院打井，没有考虑水井周围厕所或粪坑、牲畜圈、污水沟等的污染。地表污水通过渗透或直接流入井中，村民喝了受污染的水而发病的现象时有发生，而这种污染途径往往被村民所忽视。集中式共水如果水源受到污染，且无其他防护措施，就可以引起水传染病的暴发，危害比分散式供水更为严重。

三、解决农村生活饮用水安全问题的措施

1. 提倡集中供水和分质供水

农村供水设施建设要与小城镇、新农村发展相协调，距县城、自来水厂较近的农村居民点，可依托已有自来水厂，延伸供水网，发展自来水；其他人口稠密地区，应建集中式供水工程，并尽可能适度规模、供水到户；在农户居住分散的山丘区，可建设分散式供水工程。

要从区域水资源的角度规划饮用水源，做好水源勘测和调查工作，尽可能找水量充沛、水质良好的水源，降低净化难度和制水成本。在制水成本较高的地区，提倡饮用水和其他生活用水实行分质供水。如高氟、高砷、高盐或污染严重的地区，可采用电渗析、膜处理等技术净化饮用水。在确定供水规模时，要充分考虑利用原有的供水设施，避免投资规模过大而造成浪费。

2. 采用适宜技术，确保水源水质达标

选择经济合理、操作简便、价格低廉的水源水质净化工艺。确无良好水源时，可采取对当地水源净化处理等工程措施。对中重度氟超标水，可采用活性氧化铝吸附处理工艺、混凝沉淀工艺、电渗析或反渗透处理工艺等，经处理后达标供水；当水源的砷超标时，仍需以寻找好水源作为首要工程；当水源的含盐量超标，又无好水源时，可采用电渗析或反渗透处理工艺；当水源受到污染时，可在常规净化（混凝、沉淀、过滤）工艺上增设活性炭吸附工艺。

所有供水工程，均应根据具体情况采用适宜的消毒措施，特别要防止乱打井、乱开矿造成饮用水氟、砷等有害物质超标等问题。对于广大农村地区，要发动群众，做好农村环境卫生综合整治，防止垃圾和粪便等面源污染。

3. 加强水质检验，逐步建立水质监测网络

对于新建的较大规模集中供水工程，应建立相应的实验室，配备必要

的仪器设备,建立和健全规章制度。对于规模较小的集中供水工程,可依托乡镇或县级自来水厂进行检验,并落实经费。在上述基础上,逐步建立县级水质监测体系。

所有水厂的检验工作,均接受卫生部门的监督和检查。有条件的地区,可依托现有的大中型水厂或县卫生防疫部门成立县级水质监测中心,配备必要的人员和仪器设备,负责对县区内饮水工程的水源水质和供水水质进行监测。乡镇水厂化验室负责本乡镇饮水工程水质监测,并由县级水质监测中心负责技术指导和监督。

一、农村饮用水污染

农村饮用水遭受有毒有害物质污染后，通过饮食使人群发生急性或慢性中毒；含致病微生物的人畜粪便或污水污染水源时，可引起介水肠道传染病流行；有些污染物可使水质感官性状恶化。农村饮用水污染，可分为生物性污染、化学性污染和物理性污染三类。

1. 生物性污染

生物性污染是指水体受细菌、藻类、真菌、酵母菌等，各种浮游生物、寄生虫及虫卵的污染。农村饮用水的生物性污染物绝大多数是天然的，部分来自土壤和大气降尘，对人一般无致病作用。但随着垃圾、人畜粪便以

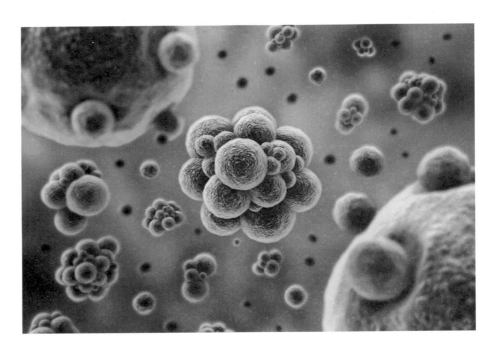

及某些工农业废弃物进入水体，受到病原微生物的污染，就可能通过饮水传播某些疾病。如霍乱、痢疾、伤寒、伤寒等肠道传染病，肝炎、脊髓灰质炎、眼结膜炎等病毒性疾病，血吸虫病、钩端螺旋体病、阿米巴痢疾等寄生虫病。

通过饮用或接触污染水而传播的疾病，称为介水传染病。

（1）流行原因：水源受病原体污染后，未经妥善处理和消毒即供居民饮用；处理后的饮用水，在输配水和贮水过程中重新被病原体污染。地面水和浅井水都易被病原体污染，而导致介水传染病的发生。

（2）病原体：细菌，如伤寒杆菌、副伤寒杆菌、霍乱弧菌、痢疾杆菌等。病毒，如甲型肝炎病毒、髓灰质炎病毒、柯萨奇病毒和腺病毒等。寄生虫，如蛔虫、血吸虫、钩端螺旋体等。

（3）流行特征：短时间内出现大量症状相同的病人，且发病日期集中。若水源受到污染，则发病者可终年不断。病例分布与供水范围一致。多数患者都有饮用或接触同一水源史。一旦消除了污染源和加强了饮用水消毒，疾病便能迅速得到控制。一旦介水传染病发生，危害较大。因为饮用同一水源的人较多，发病人数往往很多。病原体在水中一般都能存活数日，甚至数月，有的还能生长繁殖，一些肠道病毒和原虫包囊等不易被常规消毒措施所杀灭。

2.化学性污染

常见化学性污染物有氟、砷、铅、汞、镉、氰、铬、农药等，这些污染物造成的危害程度有差异。

（1）氟：地方性氟中毒是我国较严重的公共卫生问题。据统计，全国地方性氟中毒病区人口达 2 亿人，其中地方性饮水氟中毒是主要

类型，主要分布在农村和贫困山区。华北地区属于高氟水重灾区，其中内蒙古、河南占比 45%，天津甚至达到 70%，华东地区的安徽占比 8.4%。

人体蓄存过量的氟后会导致氟中毒，主要症状为牙齿变黄、变黑，腿呈 X 形或 O 形，躬腰驼背或者手臂只能弯、不能伸等。中毒轻造成氟斑牙，重者出现氟骨症，甚至完全丧失劳动和生活自理能力。一旦人氟中毒即永远成疾，药物只能减缓病情。在氟病区，由于氟斑牙、驼背病屡屡发生，直接影响到青少年入学、参军、就业和婚嫁。有的地方村民身高只有 0.8～1.0米，出现了"矮子村"，村民承受着生理和心理的巨大痛苦。

（2）砷：自然界的砷多为五价砷，深井水的砷和污染环境的砷多为三价砷，富集在环境中的三价砷可氧化成五价砷。我国饮用高砷水的地区涉及新疆、内蒙古、西藏、云南、贵州、山西、吉林等 10 个省（区），这些地区已出现地方性砷中毒患者，且大多为少、边、贫地区。

砷可以在人体内累积，造成长久的危害；砷可以侵犯人的呼吸系统、消化系统、心血管系统、神经系统等。如生活用水的含砷量严重超标，微量砷在居民体内长期蓄积，会造成慢性损害，导致皮肤癌、黑脚病、神经痛、

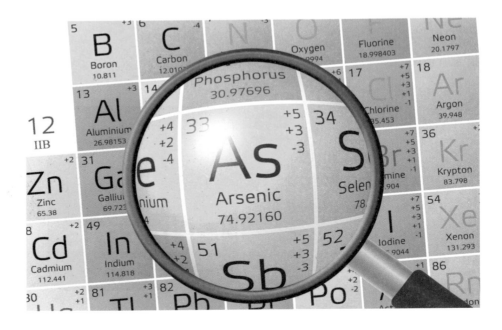

血管损伤及坏疽，心脏病等。一般这些疾病会慢性发展，经过多年后才发作。典型病例常具有手、足掌部角化、躯干色素沉着和色素脱失斑点，即砷中毒的皮肤三联征。

（3）铅：饮用水中铅的来源主要有两个，第一个是工业污染物和废水的任意排放（主要是冶炼、矿业、化工、印染等行业）和农业生产中农药、杀虫剂的广泛应用，造成水体的严重污染。第二个来源，是自来水输水管网腐蚀造成的铅释放。我国目前使用的大多是含铅的输水管，由于自来水使用氯作为消毒剂，加速了含铅水管的侵蚀和老化。一般使用超过 5 年以上的水管，铅的释放量就会大量增加，自来水中铅的浓度也会升高；另一方面，所有管网的焊接缝，家庭使用的镀铬、黄铜水管、龙头都能析出铅。

铅会严重影响人体的健康，损伤肝、肾、大脑、骨骼及血液等。铅对儿童的影响更严重，可导致儿童永久性认知能力丧失、反应迟钝，甚至大脑损伤，引起贫血。铅中毒会造成成人的高血压病症和生殖功能障碍。对孕妇而言，胎儿更容易受到铅的毒害。

（4）汞：汞在自然界中多以汞盐的形式存在，可分为有机汞和无机汞两种。有机汞的毒性比无机汞严重。在无机汞中，以氯化汞、硝酸汞的毒性较强。在一定条件下，无机汞可以转化成毒性更大的有机汞。汞在水中不稳定，容易沉积在水底，水体得到暂时性净化。但是，沉积在底泥中的汞可以长期存在，一旦底泥泛起，又可再次污染水体。由于汞是剧毒物质，我国饮水卫生标准规定，水中汞含量不得超过 0.001 毫克 / 升。

汞及其化合物的毒性很强，进入人体后，主要损害神经系统、心脏、肾脏和胃肠消化系统。汞蓄积在各个组织器官中，以肾脏最多，肝脏次之，可以引起慢性中毒。甲基汞可以穿过胎盘屏障侵害胎儿，使新生儿患先天性疾病。儿童的神经系统免疫系统和循环系统都会受到侵害。

（5）镉：天然水中不含或很少含镉，水中的镉主要来源于锌矿和镀镉废水。镉和锌是同族化学元素，二者关系特别密切，镉和锌在各种岩石、矿层和水体中都相伴存在。在一般情况下，镉以化合物的形式存在于锌矿里，水流经锌矿层时，水中的镉含量就会增高。镉在酸性水中溶解度大，在硫化氢存在时，则形成氢氧化物沉淀。我国饮水卫生标准规定，饮水中镉含量不得超过 0.005 毫克 / 升。

镉进入人体后，主要蓄积在肾脏和骨骼中，会取代骨中的钙，使骨骼严重软化；镉会引起胃脏功能失调，干扰人体的锌酶系统，导致高血压症。震惊世界的日本"痛痛痛"病就是因镉污染所致。

（6）铬：地面水中，铬含量平均为 0.05 ～ 0.50 毫克 / 升。水中铬的来源，主要是电镀、印染、制革等含铬工业废水的污染。铬化合物分为三价铬和六价铬两种，六价铬的毒性很强，比三价铬高出 100 多倍，所以要特别注意水中六价铬化合物的含量。六价铬化合物及其铬盐，如铬酸、铬酸钾、铬酸钠、重铬酸钾、重铬酸钠等都能溶解在水里，显现出较强的毒性。三价铬盐在水中不稳定，可形成氢氧化铬而迅速沉至水底，特别是在 pH 7.03 ～ 9.80 时，氢氧化铬沉淀更多。

人饮用含铬量高的水时，对消化道有刺激或腐蚀作用，表现为恶心、呕吐、腹痛、腹泻、血便，以致脱水；同时可伴有头痛、头晕、烦躁不安、呼吸急促、口唇指甲青紫、脉速，甚至少尿或无尿等严重中毒现象。据报道，六价铬和三价铬均有致癌作用。我国饮水卫生标准规定，饮水中铬（以六价铬计）含量不得超过 0.05 毫克 / 升。

（7）氰化物：氰化物在工业中应用很广，如炼焦、电镀、选矿、染料、化工、医药和塑料等工业中均用到氰化物，可导致水源污染。

氰化物污染水体引起人群、家畜及鱼类急性中毒的事例，国内外均有报道。人长期饮用被氰化物污染的水（浓度大于 0.14 毫克 / 升），可出现头痛、头昏、心悸等症状，甚至造成甲状腺功能低下、增生、肿大。

（8）酚类化合物：自然水中不含有酚，水中的酚均来自工业废水的污染。许多工业废水中含有酚或酚类化合物，如焦化厂（含酚量可大于 1 000 毫克 / 升）、煤气厂、化工厂、制药厂、炼油厂、合成纤维厂、染料厂等的工业废水未经净化处理而直接排放时，就可能污染地面水或地下水。

此外，粪便分解也可能产生少量酚类化合物，所以大量的城市粪便污水中也含有酚。

因酚有特殊臭味，故极少发生饮用水急性中毒事件。饮用水消毒时，如果酚含量达到 0.001 毫克/升时，就可形成氯酚。人对氯酚味不敏感，如果长期饮用，可引起记忆力减退、皮疹、头昏、失眠、贫血等症状。急性中毒可表现为腹泻、口腔炎及黑尿等。

（9）硝酸盐和亚硝酸盐：由于农业大量使用氮肥，工业排放含氮的"三废"，加之生活污水、工业废渣、矿业开采等，致使河水、地下水中硝酸盐含量升高，受到严重污染，饮水中硝酸盐超过一定含量。

亚硝酸盐进入人的血液，会使血红蛋白失去携带氧气的功能，造成机体缺氧，表现口唇、指甲、皮肤青紫，头晕、头痛、惊慌、胸闷、恶心、呕吐、腹痛、腹泻等症状。严重者昏迷惊厥，甚至死亡。

3. 物理性污染

水的物理性污染包括悬浮物污染、热污染和放射性污染。

（1）悬浮物污染：悬浮物是指水中含有的不溶性物质，包括固体物质和泡沫塑料等。这些由生活污水、垃圾和采矿、采石、建筑、食品加工、纸等产生的悬浮物排泄入水中，造成污染。

（2）热污染：工业冷却水，若不经过处理而直接排入水体，可能引起水温升高，溶解氧含量降低，水中有毒物质含量增加等现象。此外，高温还会熔化和破坏管道接头，从而影响水处理设施的使用。

（3）放射性污染：由于原子能工业的发展，放射性矿藏的开采，核试验和核电站建立，以及同位素在医学、工业、研究等领域的应用，使放射性废水、废物显著增加，造成一定的放射性污染。放射性物质释放的射线有损人的健康，最常见的放射病就是血癌，即白血病。

二、生活饮用水水质标准

生活饮用水的卫生要求是：感官性状良好，必须透明、无色、无异味和异臭，无肉眼可见物；流行病学安全：不得含有病原微生物和寄生虫卵；化学成分对人无害：水中所含的化学物质对人体不造成急性中毒、慢性中毒和远期危害；水中所含的人体必需元素不得过量与不足。

我国对饮用水卫生安全十分重视，现行《生活饮用水卫生标准》（新国标）加强了对水质有机物、微生物和水质消毒等方面的要求，新国标中的饮用水水质指标由原标准的 35 项增至 106 项，增加了 71 项。其中，微生物指标由 2 项增至 6 项；饮用水消毒剂指标由 1 项增至 4 项；毒理指标中无机化合物由 10 项增至 21 项；毒理指标中有机化合物由 5 项增至 53 项；感官性状和一般理化指标由 15 项增至 20 项；放射性指标仍为 2 项。新国标基本实现了与世卫组织、欧盟等国际组织和先进国家水质标准的接轨。《生活饮用水卫生标准》（新国标）适用于我国城市和农村的生活饮用水，不论是集中式供水，还是分散式供水，都应符合该标准的要求。

农村饮用水水质必测指标，一般可分为感官性状、一般化学指标、毒理学指标和细菌学指标等。

1. 感官指标

饮水的一般卫生性状，如色度、浑浊度、臭味和肉眼可见物等，通常可以用眼、鼻、舌等感觉器官感受到，所以，通常把这一类指标称为感官性状指标。感官性状指标可由人直接判断，也可用化验仪器去检查。

（1）色度：水的色度，就是水的颜色，一般分为假色（表色）和真色两种。假色是由水中悬浮性物质形成的，故称"表色"。除去悬浮物以后，水便无颜色了。真色是由于水中含有某种显色的溶解性物质、相溶胶体而造成的。真色在净化过程中不容易除掉。有的水同时具有这两种色度。

清洁的水是无色的，自然界较深的水体，在晴天时显示浅蓝色，含钙、镁离子多的水体蓝色更为明显，这都是正常水色。水体突然出现异常颜色是受到污染的结果，应尽快查明原因，加以解决。我国《生活饮用水卫生标准》规定，饮用水的色度不能超过 15 度，即用肉眼看不到颜色。水的色度大于 15 度时大多数人可以观察到，大于 30 度时几乎所有人均可看到并感到厌恶。

由于某些水文地质条件可能使天然水呈现其他颜色，工业污染更可能使水呈现异色。饮用水出现过高的色度时，警告有工业污染的可能性，对人体健康具有潜在的危险性。

（2）浑浊度：水质透明或是浑浊，与水中泥沙、有机物、矿物盐等的含量有密切关系。水中悬浮性物质越多，透明程度越低，而浑浊度越大。例如，当饮用水受到泥沙、工业废水、生活污水以及其他悬浮物污染时，浑浊度就明显增高，所以，浑浊度大小是衡量水质好坏的一个重要指标。

悬浮于水中的颗粒物容易吸附细菌等微生物，因而浑浊度不单是感官指标，而且也反映有致病的危险性。浑浊度会影响水的消毒效果，增加氯的消耗量。近年来，各国饮用水标准对浑浊度提出了更高的要求。以地面水为水源的集中式供水，经完全处理后出厂水的浑浊度一般不大于1度。

（3）臭和味：我国《生活饮用水卫生标准》规定，生活饮用水不得有异臭和异味，这是水质受到有害物质污染和水质不良的重要标志。臭，是指对鼻嗅觉的不良刺激而言。水的臭味可分为吗啡味、沼泽气味、粪臭味、芳香气味、腐败味、鱼腥气味、硫化氢味等。清洁的水是无臭味的，根据臭味往往能辨别其来源，为处理水质提供依据。例如，饮用水受到粪便污染时可产生粪臭味；水中含有藻类、原生动物，可产生鱼腥气味或腐败气味；地下水中含有硫化氢时，可产生臭鸡蛋气味；当水中含铁量过高时，会产生特殊的铁锈味；饮用水受到工业废水、废渣污染时，可产生某种化学药品的臭味，如苯类物质的芳香味、汽油味等。所以，异常气味的出现，是水质恶化的表现。

水臭味的强弱受温度影响，外界温度升高，臭味增强。所以，化验室通常是在水温20℃和60℃时判断水的臭味并加以对照。判断臭味的强弱，用无味、极微、微、明显、强和极强6个等级表示。

水味基本上分为甜、咸、苦、酸、涩5种。水味是由于水中含有某些化学物质和其他有机杂质形成的。例如，水中含有大量有机物时，水具有甜味；含氯化钠时水呈咸味；含硫酸钠、硫酸镁时水味变苦；饮水流经矾土矿层时呈现酸味；水含有铁盐、锌盐时有涩味；饮用水库水、池水、塘水、江河水等，夏季常因含有腐殖质而呈沼泽味或发霉味。

水味强弱，分为无味、极微、微、明显、强、极强 6 个等级。水中含有一些无机盐是正常现象，对人体也是必要的，通常人尝不出味道。有些无机盐还可以增加饮水的甘甜可口味道，但也要求有一个适宜含量，过多往往是有害的。

（4）肉眼可见物：主要是水中可见的颗粒或其他悬浮物质，主要来源于土壤冲刷、生活及工业垃圾污染。含铁高的地下水暴露于空气中，水中的二价铁易氧化，形成沉淀。水处理不当也会造成絮凝物的残留。有机物污染严重的水体中藻类大量繁殖，可产生大量有色悬浮物。因此，把肉眼可见物作为一项水质指标是十分必要的。

水中含有肉眼可见物，表明水中可能存在有害物质或水生生物过多繁殖。为保证人体健康，我国《生活饮用水卫生标准》规定，饮用水不应含有沉淀物、肉眼可见的水生生物及令人厌恶的物质，即不得含有肉眼可见物。

2. 化学指标

（1）pH：pH 是氢离子浓度的表示方法。天然水 pH 为 6.0 ~ 8.5。在南方地区因雨水淋溶作用，地下水的 pH 可能较低，北方地区则较高。当水源受到污染时，可能使水的 pH 发生变化。

水酸性或碱性过强对人体健康都有不良影响。另外，使用过酸或碱性过强的水灌溉农田时，还会使农作物枯萎。水 pH 过高将会导致溶解性盐类的析出，使饮用水的感官性状变坏，pH 还会影响混凝沉淀的效果、净水剂投量、加氯消毒效果以及除氯处理等，会降低氯制剂的消毒效果；相反，如果水 pH 过低，也就是酸性过强时，就会增强溶解金属，特别是铁、铅的能力，这种水容易腐蚀管道。因此，在水处理过程中 pH 是一项重要指标。水 pH 在 6.5 ~ 9.5 并不直接影响人体健康。大多数天然水和出厂水均为中

性，农村饮用水的卫生要求 pH 在 6 ~ 9。

（2）总硬度：水的硬度通常用每升水中的氧化钙含量计算，含 10 毫克 / 升氧化钙为 1 度，主要是表示水中钙盐和镁盐含量的一个指标。水中钙盐和镁盐含量高，则水的硬度大；相反，则水的硬度小。有时水中含有较多铅盐、锌盐和铁盐，也会使水的硬度增加。

我国各地区水的硬度相差悬殊，南方地区以地面水为水源者硬度较低，北方地区以地下水为主要水源者硬度较高。

水的硬度由于形成原因不同，可分为暂时性硬度和永久性硬度两种，合起来称为"总硬度"。当水中含有较多的钙、镁重碳酸盐和碳酸盐时，水的硬度较高。但是，这种水经过煮沸以后，溶解的碳酸盐能沉淀下来，使水变软。所以，这种由于碳酸盐含量增高而形成的硬度叫做"暂时性硬度"，又称为"碳酸盐硬度"。当水中含有钙、镁的硫酸盐、氯化物和硝酸盐时，水的硬度也增高，而且不会因水被煮沸而降低，所以，叫做"永久性硬度"，又叫"非碳酸盐硬度"。通常根据硬度的大小，把饮用水分成硬水和软水两类。当水的硬度低于 8 度时，叫做软水；高于 8 度时，则叫硬水。

人们对饮用水的硬度有很强的适应能力，对于长期饮用硬水的人，硬水对他们的身体健康并无影响，即使水的硬度高达 40 度，也不致危害健康。可是，对于长期饮用软水的人，临时改用硬水则会引起胃肠功能紊乱、消化不良和食欲减退等，即通常所说的"水土不服"。

据有些研究证明，饮用过硬的水与大骨节病和克山病的发生有密切关系。因此，水的硬度超过 40 度要进行处理。另外，水质过硬对人们的日常生活也有一定影响。例如，使用硬水做饭、泡茶、做豆腐等，可以改变味道；使用硬水洗衣服不仅浪费肥皂，而且不容易洗干净；使用硬水洗脸、洗澡，可使人的皮肤产生一种不舒服感觉，还能使毛发变脆容易折断。长期饮用过软的水对身体也有一定影响。研究证明，长期饮用软水地区的人，患心血管疾病的死亡率比饮硬水地区的人高得多。

　　我国《生活饮用水卫生标准》规定，水的总硬度应不超过5度，即以氧化钙计算，不超过250毫克/升。农村生活饮用水的总硬度为450毫克/升CaCO₃。在特殊情况下，无其他可供选择的水源时，最大容许硬度可放宽为700毫克/升。

　　另外，农村饮用水水质监测化学指标还有铁、锰、锌、氯化物、硫酸盐、溶解性固体等，具体容许含量可参照我国《生活饮用水卫生标准》。

3. 细菌学指标

　　饮水传染病是饮水卫生的主要问题之一，特别在中国农村地区，易发生介水传染病，因而微生物学指标是饮用水检验的重要部分。饮用水中存在的微生物有细菌、病毒、原生动物以及藻类等。目前，在我国《生活饮用水卫生标准》中，以细菌总数、总大肠菌群、耐热大肠菌群作为饮用水卫生检验的主要指标。

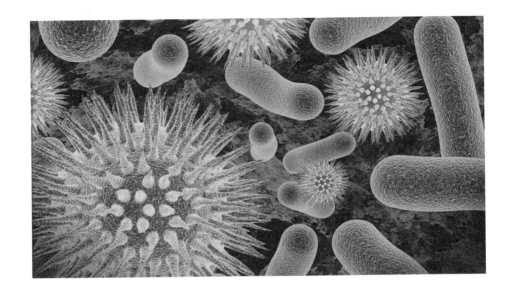

（1）**细菌总数**：细菌总数是指 1 毫升水样在特定培养基上、37℃培养 24 小时后生长的细菌菌落总数。细菌总数可以评价水质，检查污染和净化效果。此项指标不能反映对人健康造成影响的可能性或程度，也不能反映受粪便或致病菌污染的程度，但细菌总数增多说明水被污染。《生活饮用水卫生要求》规定，每毫升饮水中细菌总数限值不超过 100 个。自来水厂如能按卫生规程处理，则出厂水都能达到此标准。对分散式供水，如能保护好水源并管理好各供水环节并进行消毒，细菌总数也可达到此标准的要求。

（2）**总大肠菌群**：总大肠菌群不只来自人和温血动物粪便，还来自植物和土壤。总大肠菌群是评价饮用水水质的重要指标。我国《生活饮用水卫生标准》规定，100 毫升水样中不得检出总大肠菌群。

（3）**耐热大肠菌群**：耐热大肠菌群是总大肠菌群的一部分，将培养温度提高到 44～45℃，仍能生长和发酵乳糖的菌群，称为耐热大肠菌群。通常情况下耐热大肠菌群与总大肠菌群相比，在人和动物粪便中所占的比例较大，而且由于在自然界容易死亡等原因，耐热大肠菌群的存在，可认为近期水体受到了粪便污染，存在肠道致病菌和食物中毒菌的可能性更大。

耐热大肠菌群在配水系统中再繁殖是不可能的，除非管网中有充足的营养物质或者水温超过 15℃，以及管网中没有游离余氯。

4. 与消毒有关的指标

要根据饮水消毒剂的种类选择监测指标，如游离性余氯（毫克 / 升）、臭氧（毫克 / 升）、二氧化氯（毫克 / 升）等。

（1）游离性余氯：试验证明，氯与水接触 30 分钟，游离性余氯在 0.3 毫克 / 升以上时，对肠道病原体、钩端螺旋体、布氏杆菌等均有充分的杀灭作用。游离性余氯的嗅觉阈和味觉阈均为 0.2 ~ 0.5 毫克 / 升，慢性毒性阈浓度为 2.5 毫克 / 升。所以，规定用氯消毒时接触 30 分钟后，游离性余氯应不低于 0.3 毫克 / 升。

（2）臭氧：采用臭氧消毒，要求水与臭氧接触至少 12 分钟才能出厂。如果水中的臭氧浓度达到 1 毫克 / 升以上，便能杀灭芽孢、病毒、真菌等有害微生物。

（3）二氧化氯：水与二氧化氯接触至少 30 分钟才能出厂，要求二氧化氯残留量小于 0.7 毫克 / 升。

第三章　农村饮用水的消毒

　　水经过净化处理之后，尚未能保证完全去除病原微生物。为了使水质符合饮用水各项细菌学的要求，确保防止介水传染病的发生和传播，必须进行水的消毒。目前大多数国家都采用氯化消毒法，还有煮沸、紫外线、臭氧、碘、高锰酸钾等消毒法。

一、氯化消毒法

　　目前，含氯制剂是公认、廉价有效的饮用水消毒剂。水源经过氯化消毒，在去除病菌的同时也生成了一些消毒副产物，主要是挥发性的三卤甲烷和非挥发性的卤乙酸。这些"三致"（致残、致死、致癌）物质对人体健康构成潜在威胁。此外，为了保证持续的消毒能力，通常要求管网末梢存在一定的余氯量，而余氯量过多则会造成饮用水有较大的气味，致使饮用水感官指标较差。虽然氯化消毒有以上的不足，但具有消毒效率高、成本低、

投量准确、设备简单等优点，所以应用广泛。

1. 含氯消毒剂的种类

（1）漂白粉：漂白粉消毒是我国广大农村应用最为广泛的一种方法。但该法具有产生的余氯消失快、维持的有效时间短等缺点，不适合在管道输送的饮用水中作消毒剂。所以，漂白粉逐步被更为高效安全的消毒剂取代。

（2）漂白精：漂白精的主要成分是次氯酸钠。次氯酸钠杀菌作用强、价格便宜，而且对饮用水中的过量铁有很好的控制作用。一般采用次氯酸钠发生器，结构简单、操作方便、费用低廉，可以用于农村的饮用水消毒。

（3）二氧化氯：二氧化氯是一种高效的杀菌消毒剂，对细菌、芽孢、藻类、真菌、病毒等均有良好的杀灭效果。二氧化氯的残余量能在管网中持续很长时间，故对病毒、细菌的灭活效果较好，而且具有较强的脱色、去味及除铁、锰效果。与普通氯化消毒不同，二氧化氯消毒不产生氯化有机物，可使水中三氯甲烷生成量减少90%。鉴于以上优点，目前欧洲已有数千家水厂采用二氧化氯作为消毒剂，美国也有400余家水厂在消毒工艺

中增加了二氧化氯。

2. 常量氯化消毒法

即按常规加氯量进行饮水消毒的方法，加氯量的多少根据水质具体情况而定。从理论上讲，适宜的加氯量应为需氯量与余氯之和。一般认为氯化消毒时，余氯是评价和控制消毒效果的一项指标。适当的余氯表示水中已达到消毒所用氯量，并略有剩余，保持继续消毒的能力。水中的余氯含量是不稳定的，降低的速度与水质有密切关系，浑浊水中的余氯消失快。实际加氯量多少，可根据简单试验确定。

3. 持续氯消毒法

由于在井水或缸水内一次加氯消毒后，余氯仅可维持数小时，因此，消毒持续的时间较短。如反复进行消毒，则又较烦琐。所以，一些地区在实际工作中，采用了各种持续氯消毒法。例如，可用竹筒、塑料袋、广口瓶或青霉素玻璃瓶等，上面打孔（直径 0.2 ~ 0.4 厘米）5 ~ 8 个，放漂白粉或漂粉精 20 ~ 30 倍一次消毒用量于其中，以绳悬吊于水中，容器内的消毒剂借水的振荡由小孔中漏出，可持续消毒 10 ~ 20 天。持续消毒器上孔的大小和数目，可根据余氯测定结果确定。

4. 过量氯消毒法

加入 10 倍于常量氯化消毒时所用的加氯量，即 10 ~ 20 毫克 / 升。本法主要适用于新井开始使用，旧井修理或淘洗，居民区发生饮水传播的肠道传染病，井水大肠菌群值或化学性状发生显著恶化，井被洪水淹没或落入异物等情况。在消毒污染井水时，一般在投入消毒剂后，等待 10 ~ 12 小时再用水。

二、其他饮用水消毒法

1. 煮沸消毒

煮沸消毒效果可靠,对一般肠道传染病的病原体和寄生虫卵,经煮沸3～5分钟即可全部杀灭。因此,为预防介水传染病传播,应大力提倡喝开水。

2. 紫外线消毒

波长 200～295 纳米的紫外线具有杀菌能力,其中以波长 253 纳米的紫外线杀菌能力最强。紫外线的杀菌效果除与波长有关外,还取决于照射的时间、强度、被照射的水深、水的透明度等因素。用紫外线消毒的饮用水必须预先通过混凝沉淀和过滤处理,水层厚度不超过 30 厘米,照射时间不少于 1 小时。因此,紫外线消毒的优点,是接触时间短、效率高,不影响水的臭和味;缺点是消毒后无持续杀菌作用,每支紫外线灯管处理水量有限,耗资较大。

3. 臭氧消毒

臭氧是强氧化剂，在水中的溶解度比氧约大 13 倍。臭氧极不稳定，须临用前制备，并立即通入水中。用臭氧消毒过滤后的水，一般用量不大于 1 毫克 / 升。当接触时间为 15 分钟、剩余臭氧为 0.4 毫克 / 升时，可达到良好的消毒效果。臭氧消毒的优点在于其对细菌和病毒的杀灭效果均较高，且用量少、接触时间短，pH 6.0 ~ 8.5 均有效，不产生卤仿反应等。其缺点是投资大，投加量不易调节，在水中不稳定，不易维持剩余臭氧等。

4. 碘消毒

一般碘消毒适用于小规模一时性的饮水消毒。优点是效果可靠、使用方便，一般接触 10 ~ 15 分钟即可饮用。缺点是碘消毒剂价格较贵，消毒后水呈淡黄色。2.5% 碘酒：每担水（50 千克）中加 20 毫升，即含碘 10 毫克 / 升，10 分钟后即可饮用。据研究，每人每天摄入 19.2 毫克的碘，连续 10 周后对人体健康未见危害。有机碘化合物：有机碘消毒剂溶解快、杀菌效率高，对人无害。

第四章　特殊水质的处理

一、除臭

由水中藻类繁殖而产生的臭味,可用二氧化氯(ClO_2)或硫酸铜($CuSO_4$)控制藻类生长;挥发性物质如 H_2S 等产生的臭味,可用曝气法去除;有机污染产生的臭味,可用臭氧(O_3)或二氧化氯(ClO_2)加以处理;原因不明的其他臭味,或使用上述方法效果不理想时,可用活性炭吸附处理。

二、除铁和锰

在集中式供水工程中,铁、锰含量超过《生活饮用水卫生标准》的要求或超过《农村生活饮用水卫生标准》的要求时,应除铁、除锰。

1. 地表水除铁

当水中的二价铁易被空气氧化时,宜采用曝气氧化法;当受硅酸盐影响或水中的二价铁空气氧化较慢时,宜采用接触氧化法。

2. 地下水除铁和锰

(1)当原水含铁量低于 2 ~ 5 毫克 / 升(北方为 2 毫克 / 升,南方为 5 毫克 / 升)、含锰量低于 1.5 毫克 / 升时,可采用原水曝气——单级过滤除铁、锰。曝气可增加水中的溶解氧量,去除 CO_2,提高水的 pH(如水的碱度不足,尚需加石灰)。二者都有利于二价铁氧化为三价铁。过滤可除去由三价铁形成的絮凝体,将尚未氧化的二价铁接触吸附于滤料上,使滤料形成铁质滤膜,后者能催化二价铁的氧化作用。

(2)当原水含铁量或含锰量超过上述数值且二价铁易被空气氧化时,可采用原水曝气——氧化——一次过滤除铁——二次接触氧化过滤除锰。

（3）当除铁受硅酸盐影响或二价铁空气氧化较慢时，可采用原水曝气——一次接触氧化过滤除铁——曝气——二次接触氧化过滤除锰。

曝气氧化法除铁，曝气后水的 pH 为 7.0 以上；接触氧化法除铁，曝气后水的 pH 为 6.0 以上；除锰前水的 pH 为 7.5 以上，二次接触氧化过滤除锰前水的含铁量宜控制在 0.5 毫克 / 升以下。

三、除氟化物

氟是一种淡黄色气体，在自然界多以氟化物形式存在。地下水中，通常含一定量的氟化物。国家规定饮用水中含氟量不超过 1 毫克 / 升，超过这个规定标准，就称为高氟水。长期饮用含氟量大于 1 毫克 / 升的水，会引起氟中毒。我国《生活饮用水卫生标准》规定，饮水中氟化物含量为 0.5 ~ 1.0 毫克 / 升。一般地面水中含氟量常较地下水低，深井水较浅层地下水低。如更换水源有困难时，则应除氟。

1. 除氟方法

目前主要采取化学除氟法，可分为混凝沉淀法和滤层吸附法两种。

（1）混凝沉淀法：常用的凝聚剂有硫酸铝、氯化铝、碱式氯化铝。

将凝聚剂加入高氟水中，与水中重碳酸盐生成氢氧化铝"矾花"；氢氧化铝在混凝中与氟（离子）反应，生成含氟络合物；含氟络合物被氢氧化铝矾花吸附而沉淀，除去水中的氟化物。

（2）滤层吸附法：国内外普遍采用活性氧化铝作为除氟的吸附剂，费用低，效果可靠。因为活性氧化铝具有离子交换和物理吸附的双重作用，所以是一种比较理想的除氟吸附剂。有些地区还研制成功除氟器等设备，如箱式除氟净水器等。

2. 除氟方式

（1）分散式给水除氟：由于一些村镇多是分散式给水，故应以户为单位除氟比较适宜，家用除氟器使用也比较方便。没有除氟器的用户，可以在水缸中加入硫酸铝、氯化铝、碱式氯化铝等凝聚剂除氟。具体方法如下：碱式氯化铝法，按 0.5 克 / 升加入水中，搅拌 5 分钟，可使氟含量由 7.0 毫克 / 升降至 1.0 毫克 / 升。明矾加碱法，加碱 17 克、明矾 15 升，可使氟含量由 7.0 毫克 / 升下降至 1.2 ～ 1.5 毫克 / 升。硫酸铝法，硫酸铝

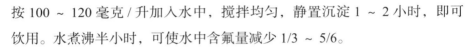

按 100 ~ 120 毫克 / 升加入水中，搅拌均匀，静置沉淀 1 ~ 2 小时，即可饮用。水煮沸半小时，可使水中含氟量减少 1/3 ~ 5/6。

（2）集中式给水除氟：现在不少村镇，尤其是城市近郊农村和集镇，逐渐由分散式给水向集中式给水发展。集中式除氟设备的基本建设投资高一些，但滤料可以使用 10 年左右，经常性化学药品的开支较少，是值得推广的除氟方法。

地下水除氟工艺，应根据原水水质、处理后的水质要求、设计规模、除氟试验或参照水质相似水厂的运行经验，通过技术经济比较后确定，可采用活性氧化铝吸附法、混凝沉淀法和电渗析法等。

①活性氧化铝吸附法：把活性氧化铝放入过滤池内，当水通过过滤层时，含氟量可大大下降。滤池表面到池顶的高度宜为 1.5 ~ 2.0 米。根据进水含氟量和 pH、滤速、处理后的水质要求确定滤层厚度。当原水含氟量小于 4 毫克 / 升时，滤层厚度宜大于 1.5 米；当原水含氟量在 4 ~ 10 毫克 / 升时，滤层厚度宜大于 1.8 米。当滤池出水含氟量超过 1 毫克 / 升时，滤料应进行再生处理，再生液可采用氢氧化钠或硫酸铝溶液。采用氢氧化钠溶液再生时，包括首次反冲洗、再生、二次反冲洗（或淋洗）、中和 4 个阶段；采用硫酸铝溶液再生时，各阶段可以省去。

②混凝沉淀法：适用于原水氟化物含量不超过 4 毫克 / 升、处理水量小于 30 立方米 / 天的水厂。凝聚剂可采用三氯化铝、硫酸铝或聚合氯化铝，投加量（以三价铝计）可为原水含氟量的 10 ~ 15 倍。原水温度宜为 7 ~ 32℃；投加凝聚剂后水的 pH 宜为 6.5 ~ 7.5。采用静止沉淀方式，静止沉淀时间应大于 8 小时。

③电渗析法：适用于含氟量小于 12 毫克 / 升的地下水除氟。原水首先进行预处理，铁和锰不超标的地下水可采用沙滤器和精密过滤器进行预处理，再通过电渗析器。如果地下水有异味时，在电渗析器后设活性炭吸附装置，最后进行消毒处理。

四、苦咸水的淡化

在特殊场合必须或只能使用苦咸水和海水作水源时，需经除盐淡化，才能饮用。苦咸水的淡化主要有蒸馏法、电渗析法、反渗透法等。

1. 蒸馏法

蒸馏法的原理很简单，就是把苦咸水烧到沸腾，淡水蒸发为蒸汽，盐留在锅底。蒸汽冷凝为蒸馏水，即是淡水。这种古老的苦咸水淡化方法，消耗了大量能源，会产生大量锅垢，很难大量生产淡水。

2. 电渗析法

在苦咸水淡化中应用的电渗析法，是利用离子交换膜在电场作用下分离盐水中的阴、阳离子，从而使淡水室中的盐分浓度降低，得到淡水。电渗析装置是在外加直流电场的作用下，水中的离子作定向迁移，使苦咸水得到淡化。该技术已比较成熟，具有工艺简单、除盐率高、制水成本低、操作方便、不污染环境等优点，但存在对水质要求较严格，需对原水进行预处理等缺点。

3. 反渗透法

用一种选择透过性膜将一个容器隔为两半，在膜的两侧同时加入纯水和盐水，液面一样高。过了一段时间，会发生盐水侧的液面升高，纯水侧的液面下降的现象。这是由于水分子透过半透膜向盐水侧迁移的结果，称为渗透。能够使水或溶液选择透过的膜称为半透膜。如果在浓溶液一边加上适当的压力，则可使渗透停止。稀溶液向浓溶液渗透停止的压力，称为渗透压。反渗透则是在浓溶液一边加上比自然渗透更高的压力，把溶液中的离子压到半透膜的另一边，这与自然界的正常渗透过程相反，故称为"反渗透"，这种装置称为反渗透装置。

反渗透方法可以从水中除去 90% 以上的溶解性盐类和 99% 以上的胶体微生物，以及有机物等。与其他水处理方法相比，反渗透具有无相态变化、常温操作、设备简单、效益高、占地少、操作方便、能量消耗少、适应范围广、自动化程度高和出水质量好等优点。以风能、太阳能作动力的反渗透净化苦咸水装置，可解决无电和常规能源短缺地区人们生活用水问题。

第五章　农村给水工程

农村给水工程是指农村集镇、村新建、扩建和改建的永久性室外给水工程，包括集中式给水工程和分散式给水工程。

一、集中式给水工程

集中式给水是指由水源集中取水，经统一净化处理和消毒后，通过输水管送到用户的供水方式。它的优点是有利于水源的选择和防护；易于采取改善水质的措施，保证水质良好；用水方便；便于卫生监督和管理。缺点是一旦水质被污染，危害面亦广。

1. 水源选择

（1）水量充足：所选择的水源，要满足当地群众对供水量的要求。由于各地气候和群众用水习惯不同，因此，对供水量要求有明显的差别。南方用水量大，北方用水量小；夏天用水量大，冬天用水量小。天然水源的供水量，可通过水文学和水文地质学的调查勘察来了解；选用地表水时，一般要求95%保证率的枯水流量大于总用水量。

（2）水质良好：只需经过加氯消毒即可供作生活饮用的水源水，每100毫升水样中总大肠菌群最近似数值不应超过200个；经过净化处理及加氯消毒后供生活饮用的水源水，每100毫升水样中总大肠菌群最近似数值不应超过2 000个。经处理后，水源水的感官性状和一般化学指标应符合《生活饮用水卫生标准》的要求。

水源水的毒理学指标和放射性指标，必须符合《生活饮用水水质标准》的要求。当水源水中含有的有害化学物质，不应超过所规定的最高容许浓度。水源水中耗氧量不应超过4毫克/升；5日生化需氧量（表示水中有机物等需氧污染物质含量的一个综合指标）不应超过 3 毫克 / 升。饮水型氟中毒流行区应选用氟化物含量适宜的水源。当无合适的水源而不得不采用高氟化物的水源时，应采取除氟措施，降低饮用水中氟化物的含量。当水源水碘化物含量低于 10 微克 / 升时，采取补碘措施。

（3）便于防护：保证水源水质不致因污染而恶化，因此，有条件时宜优先选用地下水。采用地表水作水源时，应将取水点设在村镇和工矿企业的上游。

（4）技术经济合理：选择水源时，在分析比较各个水源的水量、水质后，可进一步结合水源取水、净化、输水等具体条件，考虑基本建设投资费用最小的方案。

2. 水源地防护

为了保护水源，取水点周围应设置保护区。

（1）地表水水源卫生防护。

①取水点周围半径 100 米的水域内，严禁捕捞、网箱养殖、停靠船只、游泳和从事其他可能污染水源的任何活动。

②取水点上游 1 千米至下游 100 米的水域，不得排入工业废水和生活污水；其沿岸防护范围内不得堆放废渣；不得设立有毒、有害化学物品仓库、堆栈；不得设装卸垃圾、粪便和有毒有害化学物品的码头；不得使用工业废水或生活污水灌溉，或施用难降解、剧毒的农药；不得排放有毒气体、放射性物质；不得从事放牧等有可能污染该水域水质的活动。

③以河流作为水源的集中式供水，由供水单位及其主管部门会同卫生、环保、水利等部门，根据实际需要，可把取水点上游 1 千米以外的一定范围河段划为水源保护区，严格控制上游污染物排放量。

④受潮汐影响的河流，其生活饮用水取水点上游及其沿岸的水源保护区范围应扩大，范围由供水单位及其主管部门会同卫生、环保、水利等部门研究确定。

⑤作为生活饮用水水源的水库和湖泊，应根据不同情况，将取水点周围部分水域或整个水域及其沿岸划为水源保护区，防护措施与①、②项的要求相同。

⑥对生活饮用水水源的输水明渠、暗渠应重点保护，严防污染和水量流失。

（2）地下水水源卫生防护。饮用水地下水水源保护区、构筑物的防护范围及影响半径的范围，应根据生活饮用水水源地所处的地理位置、水文地质条件、供水量、开采方式和污染源的分布，由供水单位及其主管部门会同卫生、环保及规划设计、水文地质部门研究确定。在防护地带及水厂生产区应设置固定的标志，在水厂生产区外围 10 米范围内，不得设置生活居住区、畜禽饲养场、渗水厕所、渗水坑，不得堆放垃圾、粪便、废渣或铺设污水管道，并保持良好的卫生状况。

在单井或井群的影响半径范围内，不得使用工业废水或生活污水灌溉，或施用难降解、剧毒的农药；不得修建渗水厕所、渗水坑、堆放废渣或铺设污水管道；不得从事破坏深层土层的活动。粉沙含水层井周围 25 ～ 30 米，砾沙含水层井周围 400 ～ 500 米，作为防护区。

分散式供水的水源井周围 20 ～ 30 米范围内，不得设置厕所、渗水坑、粪坑、垃圾堆和废渣堆等污染源，并建立卫生检查制度。

（3）水源地保护：《中华人民共和国水污染防治法》《生活饮用水卫生监督管理办法》均规定，禁止向生活饮用水地表水源一级保护区的水体排放污水，从事旅游、游泳和其他可能污染生活饮用水水体的活动；禁止新建、扩建与供水设施和保护水源无关的建设项目。

《生活饮用水卫生监督管理办法》规定，在饮用水水源保护区修建危害水源水质卫生的设施或进行有碍水源水质卫生作业的，县级以上地方人民政府卫生行政部门应当责令限期改进，并可处以 20 元以上、5 000 元以下的罚款。

在井的影响半径范围（30 米）内，不得使用工业废水或生活污水灌溉，或施用难降解、剧毒的农药，不得修建渗水厕所、渗水坑，不得堆放废渣或铺设污水渠道，并不得从事破坏深层土层的活动。人工回灌水的水质应符合生活饮用水水质的要求。

3. 地下水的取水点和取水设施

（1）取水点：取水点定于水质良好，不易受污染的富水地段，并便于划定保护区。地下水埋藏越深，含水层上面覆盖的不透水层越厚，给养区越远，越宜选作取水点。

当深层地下水的覆盖层为裂隙地层，或以浅层地下水为水源时，取水点应设在污染区上游。按地下水流向，取水点设在村镇的上游，并靠近主要用水区。集取地表渗透水，地表水水质不低于《地表水环境质量标准》（GB3838-2002）的要求。取水点靠近电源，施工和运行管理方便。

（2）取水设施：

①管井：又叫机井或钻孔井，底板埋深大于15米、含水层总厚度大于5米时，可选择管井。它是垂直安装在地下的取水构筑物，是地下水取水构筑物中采用最广泛的一种型式。

②大口井：大口井是农村开采浅层地下水的一种取水构筑物。当底板埋深小于20米、含水层总厚度大于5～10米，管井出水量不能满足要求时，可选择大口井，主要由井口、井筒和进水部组成。井口周围需用不透水材料修造井台及井栏，一般高出地面0.5米左右，以防地面污水流入井内或沿井外壁渗入含水层。

③辐射井：主要是集取浅层地下水

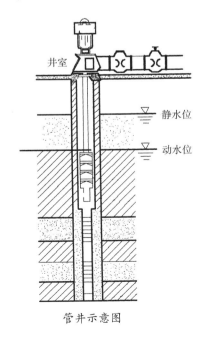

管井示意图

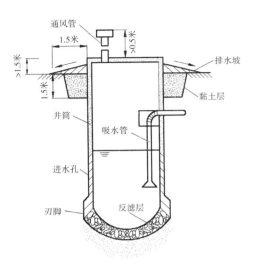

通风管

1.5米

>0.5米

>1.5米

1.5米

排水坡

黏土层

井筒

吸水管

进水孔

刃脚

反滤层

大口井示意图

或河床下渗透水的取水构筑物。当底板埋深小于 30 米、含水层有可靠补给条件，管井和大口井出水量不能满足要求时，可选择辐射井。

④渗渠：主要是集取河床地下水或地表渗透水等浅层地下水。当含水层厚度小于 5 米且埋深浅时，可选择渗渠，渠底埋深应小于 6 米。对于山区小河（溪）和平原季节性河流，在枯水期河床流量很小甚至断流，但潜流不断的情况，采用渗渠取水较为合适。

⑤泉室：有水质良好、水量充足的泉水时，可选择泉室集取泉水。我国很多地区山泉丰富、水质良好，作为饮用水一般不需净化处理。但是，泉水的可靠性差，受季节和补给源的影响较大。

4. 水质处理

生活饮用水的水源，不论取自何处，都不同程度地含有杂质，因此，要采用物理、化学方法改善水源水质的感官性状和细菌学指标，以达到《生活饮用水卫生标准》的要求。生活饮用水的净化处理有常规净化、深度净化、特殊净化 3 种。常规净化工艺过程，包括混凝沉淀（或澄清）——过滤——消毒，目的是除去原水中的悬浮物质、胶体物质和细菌等。地下水若水质好，可直接进行消毒；若原水中含铁、锰、氟等，则需特殊处理。

二、分散式给水工程

分散式供水人口占农村总人口的 62%，多数供水设施为户建、户管、户用的微小工程。其中，67% 的分散式供水人口为浅井供水，3% 为集雨，

9% 为引泉，21% 为直接取用河水、溪水、坑塘水、山泉水或到其他村拉水。农村给水时，水源选择同样考虑水量、水质、水源防护和技术经济合理性四项原则。卫生部门要积极参与，协助有关部门做好水源选择、卫生监督、水质监测、工程验收等过程。

水井的型式很多，如普通水井、手压机井、陶管小口井等。现以普通水井为例，说明水井应有的卫生要求。

1. 井址

从水量、水质、便于防护和使用等方面考虑，选择井址。为了防止污染，水井应尽可能设在地下水污染源上游，地势高、干燥，不易积水，周围 20 ~ 30 米内无渗水厕所、粪坑等污染源。

2. 井的构造

（1）井底用卵石和粗沙铺垫，厚约 0.5 厘米，放置一块多孔水泥板，以便定期淘洗。

（2）井壁：选用砖、石等材料砌成。井底以上高约 1 米的井壁，外周充填厚 30 ~ 60 米的沙砾，以利地下水渗入；离地面 1 ~ 3 米的井壁周围应以黏土或水泥填实，内面用水泥沙浆抹平，以防污水渗入井内。

（3）井台：应用不透水材料建成井台，半径 1 ~ 3 米，并便于排水。

（4）井栏：一般高出地面 0.3 ~ 0.5 米，以防止污水溅入和地面垃圾尘土等被风吹入井内，并保证取水方便和安全。

（5）井盖：井口最好设盖。如能修井棚或围墙，则可防止禽畜接近水井。

3. 取水设备

公用井应设公用桶，并保持桶底清洁。建议尽可能做成密封井，装置手压或脚踏式或电动式抽水泵，既方便取水，又可防止污染。

4. 井水消毒

井水需用漂白粉澄清液消毒，特别是肠道传染病流行季节，更应如此。一般每天消毒两次，一次在早晨用水前，另一次在午后。如用水量大或需控制肠道传染病流行时，消毒次数应增加。为延长消毒持续时间，一些地区采用竹筒、塑料袋和广口瓶等，以绳悬吊于水中，容器内的消毒剂借水的振荡由小孔中漏出，可持续消毒 10 ~ 20 天。这样既节省了人力，又能保证持续消毒的效果。

第六章 农村饮用水应急卫生处理

干旱水源枯竭缺水时，农村集中式供水主要选择备用水源，如未枯竭的江河水或水库水等。农村分散式供水，主要选择地下水（如井水）或未枯竭的地面水作为饮用水水源。洪涝期间，在流动洪水地区选择上游水域作为取水点，在内涝地区选择水质污染较少的水域作为取水点。

一、干旱期间农村饮用水应急卫生处理

1. 集中式供水

启用备用水源时，应检测水质，水源水水质应符合国家《生活饮用水水源水水质卫生规定》。备用水源水要经过净化消毒制水工艺并符合《生活饮用水水质卫生规定》。备用水源水域要设立保护区，禁止排放有毒有害物质，如废水、废渣、垃圾、粪便等。

2. 分散式供水

供水水源要尽量距离畜厩、粪池、生活和生产污水排放口30米远。对浑浊水加明矾等混凝剂，充分搅匀，待静置澄清后，弃去沉渣。混凝剂使用方法：明矾100～150毫克/升，即25升（25千克）的桶加2.50～3.75克。硫酸铝50～100毫克/升，即每桶加1.25～2.50克。碱式氯化铝30～60毫克/升，即每桶加0.75～1.50克。

（1）井水消毒：

①直接投加法：首先测量井水水量，再求出漂白粉的用量。在投加漂白粉时，先把漂白粉放在碗内，加入少量水搅成糊状，然后再加少量水稀释，静置待残渣沉淀后，取上清液加入井中。加入漂白粉液后，应搅动井水，

混合均匀，半小时后即可达到消毒效果。这时可取水样测定剩余氯，如果合适，即可取用。如果没有余氯，说明漂白粉的用量不足，应再补加一些。如果剩余氯过多，待剩余氯消耗一部分后再取用。由于井水随时被取用，水的更换量较大，最好每天消毒两次。在水质较差或夏秋季肠道传染病流行时，还应酌情增加消毒次数。

②塑料袋消毒法：在装漂白粉的塑料袋上剪小孔，把塑料袋放入井中，漂白粉中可通过小孔不断扩散到水中，起到消毒作用。这种方法不需每日投加，节省人力，但要经常测定水中剩余氯量，以判断消毒效果。塑料袋长 20 厘米、宽 15 厘米，袋内装漂白粉 300 ～ 500 克，装满袋的 2/5 ～ 3/5 容量。在两面袋壁上剪直径 0.3 ～ 0.5 厘米的上下两排小孔，一排在装有漂白粉部分，一排在上部空间，袋口用绳扎紧。孔眼数目应根据井水量而定，井水量在 1 ～ 2 立方米时每面剪孔 12 个，井水量在 3 ～ 5 立方米时剪 13 ～ 18 个孔。塑料袋消毒法水中余氯可维持在 0.05 ～ 0.50 毫克 / 升，持续 9 ～ 15 天。放置塑料袋时，用一块砖或石头作为坠石，再用一根半米长、直径 6 ～ 7 厘米的木混作为浮漂物，用两根细铁丝连接浮漂与坠石（铁丝长短，以能悬浮在水面以下 60 厘米左右为准）。再用一细木棍扎于浮漂与坠石中间的铁丝上，然后将装漂白粉的塑料袋系于木棍中央。用铁钩和绳子慢慢放入井中，使坠石沉于井底（切勿抛入，以防塑料袋破裂）。

塑料袋放置后，应经常测定余氯量。发现没有余氯时，检查塑料袋孔眼是否堵塞，袋内漂白粉是否硬结，随时加以疏通。

（2）缸（桶）水消毒：

①直接投加法：即按缸水的体积加入漂白粉液（含 2% ～ 5% 漂白粉）消毒，

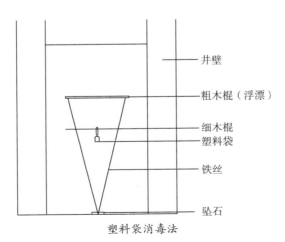

井壁

粗木棍（浮漂）

细木棍
塑料袋

铁丝

坠石

塑料袋消毒法

缸水可按担计算，每担 25千克约需 3% 消毒液 5 毫升，即半勺匙。

②小塑料袋缸水消毒法：用 10 厘米长、4 厘米宽的塑料袋，每袋装漂白粉 20 克，在袋两面各剪直径 0.3 厘米的小孔 3 个，竖行排列，每孔间距 2 厘米，最下面一孔距袋底 1.5厘米，袋口用橡皮筋扎紧。使用时将袋放入水缸内，开始时袋浮在水面，随后下沉。袋内漂白粉借水的

振荡逐渐溢入水中。每袋漂白粉可维持 10 天左右，余氯量为 0.01 ～ 0.10毫克 / 升。

漂白粉可单独使用，也可和铵盐一起使用，在水中生成氯胺，起到消毒作用。氯胺的消毒作用不如次氯酸那样快，因此，要有足够的消毒时间，以保证充分的杀菌效果，一般投药 1 小时以后再取用水。氯胺在水中较稳定，杀菌时间较长，而且消毒后水的氯味小。另外，桶水消毒的用药量为每 100 升水（2 担水）加漂粉精片 1 ～ 2 片，或漂白粉 1 ～ 2 克，或二氯异氰尿酸钠 0.4 ～ 0.8 克，或灭菌片 2 片。

二、洪灾期间农村饮用水应急卫生处理

1. 集中式供水

（1）取用的水源水必须经过沉淀、过滤和消毒处理，供水水质应符

合国家《生活饮用水水质卫生规定》。

（2）经消毒后半小时，水中余氯量应达到 0.7 毫克 / 升，保证灭菌效果。

（3）饮用水必须经过煮沸后，方可饮用。

（4）退水后被淹没的水源和供水设施必须清洗消毒，检查细菌学指标合格后方可启用。

2. 分散式供水

（1）井水和缸（桶）水净化消毒：与干旱期间应急卫生处理相同。

（2）水质消毒：使用的消毒剂及使用方法与干旱期间应急卫生处理相同，而投药量则是干旱期间的 1 倍以上，即每立方米（1 000 千克）井水加漂粉精片 20 片，或漂白粉 20 ~ 40 克，或二氯异氰尿酸钠 8 克，或灭菌片 40 片。消毒半小时后，水中余氯量应达到 0.7 毫克 / 升。

（3）饮用水必须经过煮沸后，方可饮用。

（4）经水淹的井必须进行清淘、冲洗与消毒。先将水井淘干，清除淤泥，用清水冲洗井壁、井底，再除去污水。待水井自然渗水到正常水位后，进行超氯消毒，投药量为每立方米（1 000 千克）井水加漂粉精片 100 片，或漂白粉 100 ~ 200 克，或二氯异氰尿酸钠 40 克，或灭菌片 200 片。浸泡 12 ~ 24 小时后，抽出井水，待自然渗水到正常水位时，按正常消毒方法消毒，即可投入正常使用。

第七章 安全用电基本常识

一、电压

低压电和高压电以 1 000 伏电压作为界线，一般 1 000 伏以上的电压为高压电。通常架设在水泥电杆、钢管电杆、铁塔上的电力线路都是高于 1 000 伏的高压电，也有部分高压电缆埋设在地下的电缆沟中。一般 1 000 伏以下的电压为低压电。通常家庭中照明灯具、电热水器、取暖器、冰箱、电视机、空调、音响设备、小功率电动机等使用的都是 220 伏低压电，又称为单相电；大功率电动机、打谷机、卷扬机等使用的一般是 380 伏低压电，又称为动力电。

二、电流和电流强度

1. 电流

电流，就是电荷的定向流动。流动的电荷可以做功，进行能量转换。

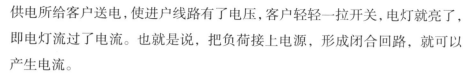
供电所给客户送电，使进户线路有了电压，客户轻轻一拉开关，电灯就亮了，即电灯流过了电流。也就是说，把负荷接上电源，形成闭合回路，就可以产生电流。

2. 电流强度

电流的大小叫电流强度，用每秒流过导体横截面的电荷多少来计量。电流强度的单位叫安培（A）。如家中常用的 40 瓦的电灯泡，正常情况下的电流强度是 0.18 安，或是说 180 毫安。农村常用的 50 千伏安变压器，低压短路时的电流大约是 1.8 千安。

三、电量

电源所提供的电能，用电量来计量，单位为"千瓦·时"。1 千瓦时的电量，可以供一个 25 瓦的白炽灯在额定电压下使用 40 小时。如果电压偏高，电灯比正常时亮（功率变大），使用不到 40 小时；如果电压偏低，灯光发红（功率变小），使用时间比 40 小时长。一只 15 瓦的节能灯和一只 60 瓦的普通白炽灯在房间里的照明效果基本一样，但是，1 千瓦·时电量可供节能灯使用 67 小时，而白炽灯仅能使用 17 小时。这就是用电设备的效率。

电量的计量设备称为电能计量装置。大用户的计量装置中配置的有电流互感器（高压计量还需要配置电压互感器）和电能计量表（俗称电度表，分为有功电度表、无功电度表），一般照明用户只配备单相电能计量表，计量该户的用电量。

四、短路和断路

短路和断路虽然只有一字之别，但含义是完全不同的。简单来说，短路就是指本不该直接连接的两根电线或电路却因某种原因而相连或相碰了。电力线路发生短路会造成严重灾害，像相线（俗称火线）与相线之间的短路，相线与中性线（俗称零线）之间的短路，相线与大地之间的短路，都具有相当大的危害性。

电力线路一旦发生短路，往往会导致电路或用电器因电流过大而被烧毁，并容易引发火灾。家庭照明线路发生短路故障时，轻则会烧毁保险丝，重则会烧坏电线，甚至引发严重火灾，后果不堪设想。在农业生产活动中，用电线路发生短路故障不仅会影响正常生产活动，而且会造成火灾和人员伤亡。

断路就是我们通常所说的"电虚连"，就是本来该接通的线路却断开

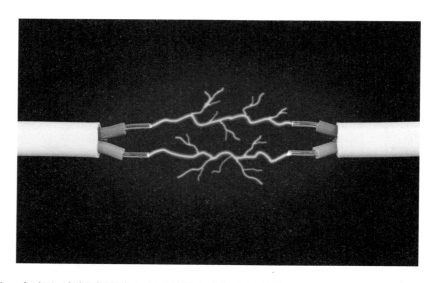

了。家庭电路断路故障包括相线断开和中性线断开两种情况。断路点一般出现在电线接头处、易折处、易磨损处、易腐蚀处等。一旦用电线路发生断路现象,相关的用电器(如灯泡、电视机、抽水机等)就不能正常工作了。对于需要连续供电的场合,断路造成的供电中断具有更大的危害性。要经常查看家庭线路,定期请电工检查维护线路,以便及时发现和排除事故隐患,这是确保家庭安全用电的重要措施之一。对于采用明线的线路,可用试电笔逐段检查;对于采用暗线的线路,故障点比较隐蔽,查找和更换电线都比较麻烦。因此,为避免家庭电路断线,安装线路时应尽量减少电线接头。

五、安全电压

安全电压是指人体接触电路而不致发生触电危险的电压。在安全电压范围内,无论是直接电击,还是间接电击,对人身都不会造成伤害。各国对于安全电压的规定是不尽相同的,最高的为65伏,最低的只有2.5伏,以50伏和25伏为安全电压者居多。国际电工委员会规定安全电压限定值为50伏,25伏以下电压可不考虑防止电击的安全措施。

我国的国家标准GB3805-2008规定:安全电压是防止触电事故而采用

的特定电源供电的电压系列，安全电压有 42 伏、36 伏、24 伏、12 伏、6 伏（工频有效值）5 个等级。在一些具有触电危险的场所使用移动式或手持式电气设备时，为预防触电事故，应采用安全电压供电。需要指出的是，不要认为安全电压就是绝对安全的。如果人体在汗湿、皮肤破裂等情况下长时间接触电源，即便是在安全电压下也有可能发生电击伤害。

六、导体和绝缘体

能够传导电的物体称为导体。例如，铜、铝、铁、金、银等金属都是导体；普通的水、潮湿的土地和潮湿木材也是导体；人体含有大量液体，每个细胞都充满水，所以也是导体。不能传导电的物体称为绝缘体，如玻璃、橡胶、塑料、陶瓷等。人们利用导体传送电，利用绝缘体来控制电，不让电乱跑，避免发生触电事故。并不是能导电的物体叫导体，不能导电的物体叫绝缘体，这是一般人常犯的错误。导体和绝缘体没有绝对界线，当条件改变时，绝缘体也可能变成导体。例如，干燥的木头是绝缘体，但潮湿的木头就变成了导体。不同材料的导体，导电性能不一样。家庭中的电线应采用导电性能较好的铜芯线，一般不要采用导电性能较差的铝芯线。人体是导体，这就是我们不能随便触摸带电体的根本原因。

加速绝缘材料老化的主要原因是过高温度的影响，电气设备经常超负荷运行，电流太大；周围环境温度过高，如线路与烟筒相接触，或是线路下燃烧秸秆；绝缘体的外部漏电没有及时处理，造成绝缘体局部温度过高；电气设备工作环境脏，煤末和尘土较多，隔离开关、插座、熔断器堆集灰尘，形成漏电流的通道，造成局部高温区；导线连接不紧密，过大的接触电阻通过电流时产生高温。

七、人体触电

据统计，我国每年因触电而死亡的人数，约占全国各类事故总死亡人数的10%，仅次于交通事故。当通过人体的电流很小时，人通常没有感觉；当通过人体的电流达到1毫安时，人就会有"麻电"的感觉；当通过人体的电流达到5毫安时，人就会有相当痛的感觉；当通过人体的电流达到8～10毫安时，人就很难摆脱电压的作用而发生触电事故；当电流达到100毫安时，在很短时间内人就会窒息、心跳停止。这说明电流对人体是有伤害作用的，达到一定强度还会使人触电死亡。电流使触电者的心脏、呼吸机能和神经系统受伤，直到呼吸停止，心脏停止活动。电流通过人体的途径不同，伤害程度也不一样。当电流通过心脏时伤害最为严重，致死可能性也最大。

八、漏电保护器

漏电保护器又称漏电保护开关，是一种有效的电气安全技术装置，防止由于电气设备、电气线路漏电而引起的触电事故和用电过程中的单相触电事故。在电气设备运行中发生单相接地故障时，要及时切断电源，防止因漏电引起的电气火灾事故。在一些特殊场合，漏电保护器的作用则更加突出。例如，在特别潮湿的地方（如厨房、卫生间等），因人体表皮电阻降低，触电死亡的危险性大大增加，安装漏电保护器后，便能有效地减少触电伤亡事故。

当家用电器绝缘损坏时，外露的金属附件（如电视机的天线插孔、电冰箱的金属外壳等）可能带有危险电压。这种危险电压是不能用接地的方法来消除的，只有靠安装漏电保护器才能保证在人身触电的瞬间迅速切断电路，保证人身安全。由于漏电保护器为预防各类用电事故提供了可靠而有效的技术手段，因此，被老百姓称为是"保安器""保命器""安全卫士"。

第八章 农村电网

电网包括发电厂升压变电所之后，到用户线之前的线路与变电所，以及监控、保护等自动装置。根据电压等级、承担的输送和分配电能的性质区别，电网可划分为输电网和配电网。

一、电网组成

1. 输电网

用来远距离输送电能的高压和超高压电网称为输电网，由输电线路和变电所组成。输电线路的电压等级分为，高压35、110、220千伏，超高压330、500、765千伏，特超高压1 000千伏以上。输电线路按架设方式，可分为架空线路与电缆线路。架空线路因其造价低和易于维护而使用广泛，

只有在特殊情况下才使用电缆线路。输电线路按工作方式分为交流输电和直流输电。

输电网可以提高电网的安全性。一个大型输电网上连接着很多电厂和广大区域内的客户，即使一个电厂发生事故，其他电厂也可以迅速调节、补充，客户电力基本不受影响或者受影响很小。

输电网是资源调配的有力渠道。由于自然资源分布和经济发展不平衡，能源中心与负荷中心往往相距较远。中国西部地区多煤，兼有丰富的水力发电资源，是建设电力基地的好地方。东部地区人口稠密，工商业发达，是电能的负荷中心。只有利用输电网把能源中心与负荷中心紧密地连接起来，充分发挥区域经济优势，才能产生更高的经济效益。

2. 配电网

接续输电网输送到负荷中心的电能并向客户分配电能的电压等级较低的电网，叫做配电网。它是电力系统中直接与客户相连的环节。我国的配电网主要包括 10 千伏和 0.4/0.22 千伏两个电压等级。配电网占用投资比例

大，据统计，电网总投资的 40% 用于配电网。配电网与客户的供电可靠性、供电质量以及用电安全有着最密切的关系。据统计，引起客户供电中断的原因中，60% 是配电网故障引起的；触电伤亡事故中，绝大多数也发生在低压配电网中。所以，应该重视配电网的运行和管理。

配电网分为一次配电网和二次配电网。一次配电网是指从变电所引出 10 千伏线路，到客户所在地配电变压器的高压部分，习惯上称为高压配电网。一次配电网采用放射和环网两种接线方式。县城或重要客户所在地，一般采用环网接线，以提高供电的可靠性。其他大多数线路是放射线路。变电所引出的主要线路称为干线，从干线分出的线路称为支线。二次配电网，也称低压电网，包括从配电变压器低压侧出来的 0.4/0.22 千伏线路、低压配电装置、下户线和计量箱。

农村用电具有客户分散、负荷密度小、小型用电设备多、自然功率因数低、用电季节性强、设备利用小时数低、供电成本高等特点。建设与改造后的农村电网，具有一大批自动化程度高的变电所，相当多的变电所实现了无人值班。高压配电线路调整了路径，更换了电杆，加粗了导线，70% 以上的低压线路提高了"健康"水平，供电半径控制在 500 米以内。

二、农村配电线路

1. 架空线路

架空线路的优点是建设速度快，变动迁移较容易；缺点是受自然环境、气候条件、人为因素影响较大，影响村庄的美化和绿化，同时维护工作量大，管理线损高。架空电力线路通常由电杆（或塔）、导线（电缆）、线路绝缘子等组成。

2. 地埋线路

地埋线路是指将电缆直接埋入地下。近年来随着地埋线缆生产技术的提高和密封工艺的成熟，地埋线路得到了长足发展。地埋线路缺点主要是

架线不灵活，一旦埋入地下很难迁移。对地埋线缆质量的要求较高，铺设线路的技术要求严格。

3.集束线路

近年来，农村主要推广架空集束线路，具有投资省、损耗低、占用空间少等优点，安全性能和技术性能比普通架空线路优越。

三、变电所

在输电网与配电网中都有变电所，以便把电压等级不同的电网连接在一起。变电所内有变压器，用以向客户输送电能。一般用主变压器的高压侧电压来表示变电所的电压等级，用主变压器的容量来表示这座变电所的容量。例如，一座变电所内安装 2 台 3 180 千伏·安的主变压器，它的高压侧电压是 35 千伏，低压侧电压是 10 千伏，人们则称这座变电所为 35 千伏变电所，容量为 2×3 180 千伏·安。

变电所内的各类电气设备必须由专业技术工作人员操作，非专业人员不得随便出入变电所，更不能进入高压危险区。在变电所附近，不得设置危及安全的各类障碍，如违章建筑、栽植树木、随意取土等。

农村配电网的变电所也可称为 10 千伏变电所，因为大多架在电杆上或是小平台上，所以称为配电台区。它的主要作用是把 10 千伏电压变成 0.4/0.22 千伏的低压，送至低压客户使用。因此，配电台区应该设在负荷的中心或村庄的中心地带。但是，由于高压线路进村不方便，配电台区大多安装在村庄边。经过改造，基本保证每村一台配电变压器，负荷重的村庄安装多台配电变压器。

四、农村电网的特殊性

与城市相比，农村电网有其特殊性。农村电网必须适应于当地的地理条件、经济发展、生活居住条件，以及农民的用电方式。

1. 农村用电的分散性

在平原地区，人口比较集中；在山区的农村，居住比较分散。负荷点分散，供电设备很难上等级，装备水平极不均衡，电网十分脆弱。

2. 农村用电季节性强

在春灌、三夏、秋灌和排涝防洪的大忙季节，在春节、元宵节等节日，电量负荷突然增加数倍，而在其余时间里电量负荷很轻。有一个乡里安装了80多台变压器，总容量4 000多千伏·安，在全年大部分时间里，2/3的变压器闲置在那里，为了防止变压器被盗窃而带电运行，白白地消耗着电能。但是，到了三夏大忙季节，所有的机井水泵启动，变压器全部超载运行；每到过年过节，几乎是所有的线路超负荷。电力高峰伴随着自然灾害的频发期，必然形成电气火灾、人身触电多发期。

3. 农村用电的随意性

农村生产、生活离不开电力。地里需要浇灌，农民提着一台小潜水泵来到机井边，用绳子把水泵吊在井里，电线挂在线路上，一推开关，潺潺清水就流到了地里。张家娶亲、李家盖房，都需要临时架设线路。找电工嫌麻烦，就在竹竿上绑个铝钩，下面连着线，挂在低压线路上就算是接好了电源，真是哪里用电哪里接。农村用电的随意性和私拉乱接、违章用电，是农村用电事故发生的根本原因。

4. 农村用电事故

农村用电事故包括人身触电、电气火灾、停电、设备损坏，以及雷电伤害等。

（1）**人身触电事故**：农村触电事故，包括直接触电事故、设备漏电触电事故、跨步电压触电事故，可以造成人身重大伤害甚至死亡。

（2）**电气火灾事故**：由于电气设备使用不当，电气设备质量差，电力设施故障等原因引发火灾事故，属于电气火灾事故。电气火灾所占比例很高，经常发生在公共娱乐活动场所、家庭、生产场所等地。

（3）**设备损坏事故**：农村用电设备损坏的事故，一是农忙时节严重超负荷造成电网设备损坏，如变压器、配电设备和线路损坏，引起停电，影响农业生产；二是对电网设备的破坏，如打坏绝缘子、倒杆断线等，引起停电事故；三是电网问题引起的过电压烧坏家用电器；四是缺相运行，过电压或是欠电压运行损坏生产用电设备；五是自动设备损坏，使得可以避免的事故发生了，小事故扩大了。

（4）停电事故：突然中断电力供应，造成电力设备损坏，生产停顿，影响正常生活秩序。电力供应中断由电网事故或用户违规操作引起。农村停电事故中，配电网事故占了较大的比例，人为因素（直接或间接因素）是主要的。

（5）雷电伤害事故：雷电伤害事故本质上属于自然灾害，在很多情况下，即使不用电也会受到伤害。雷电波沿着电力线路向两个方向传播，击穿电力设备绝缘薄弱点，损坏电力设备，造成电力供应中断；损坏家用电器，甚至引起人身伤害事故。

第九章　农村生产用电安全

一、保护好低压线路和电网设施

要想保证用电安全，首先要保护好电网安全。对于农村客户来说，特别是保护好电力线路安全。《电力设施保护条例》规定，"电力设施的保护，实行电力主管部门、公安部门和人民群众相结合的原则"。每个人都有保护电力设施的责任。

二、加强用电设备的管理

生产用电设备，包括直接用于生产的电气设备，如电动机、加热器配套的自用线路及其配电设施（如断路器、熔断器等）。这些与客户接触较多的电气设备，事故频发。加强自备电力设施和生产用电设备的管理，是安全用电工作中必不可少的重要环节。

1. 建好管好自有线路

农村企业的排灌专用水泵房和家庭作坊，一般都有自建、自管、自用的专用线路和配电设施。有的客户重视用电安全，因此，线路和配电设施的设计、建设比较规范，管理比较严格，事故少。有的客户马虎，往往施工无设计，施工不规范，管理比较混乱，现场看去电杆东倒西歪，导线松松散散，绝缘外层剥落，橡胶层布满细纹。这种线路就是事故的"温床"，造成的损失远比建设和管理中"节省"的投资大得多，最常见的故障就是线路断线。断线常引发人身触电或是烧坏电器事故，有相线断线和零线断线。

（1）相线断线：相线（又称火线）断线，会造成人畜触电或是烧坏电气设备。相线断了以后，可能挂在电杆上，也可能掉在地上，随时都可以造成人畜触电事故。曾经见过一个在水田里干活的农民，突然疯了般地乱跳，然后连滚带爬地爬到田埂上。后来才知道是发生了断线事故，通往水泵房的低压线被风吹断，掉在水田里，好在漏电总保护装置正确动作，及时切断电源，让他在鬼门关转了一圈又回来了。

相线断线还可以造成电动机两相运行事故。如果是断了两根相线，电动机停了也就罢了；如果断了一根相线，电动机有两相电压仍然继续运行，此时电动机响声增大，振动增大，温度急剧升高，如果不及时断开电源，这条线路上所有运行的电动机都有可能被烧坏。

（2）零线断线：人们常常轻视零线（又称地线、中性线）的作用，在架设时往往使用最细最差的线，甚至是用铁丝来代替。实际上零线的作用很重要，在三相四线制的电网中，零线起着平衡电流、稳定电压和保护的作用，一旦零线断了，这条线路的运行就乱了套。

正常运行时，如果三相相线的负荷平衡，零线中不流过电流，则三相电压平衡。实际工作中三相负荷分配存在一定的差异，这时零线中就有了电流，相线对零线的电压就不相等了，这时有的人家电灯亮，有的人家电

灯暗。好在有零线，零线电流具有稳定相电压的作用，使三相电压基本上保持在允许的范围内。如果零线断了，"平衡者"缺位，就会发生烧坏电气设备和间接电压触电事故。

烧坏电气设备：当零线断后，负荷大的相线，电压会低于220伏，电灯突然暗下来，日光灯会熄灭；负荷轻的相线，电压会高于220伏，有的接近380伏，这条相线上的电灯会突然变得很亮，随即灯泡爆炸。如果这条相线上接有电视、空调、洗衣机等家用电器或是电加热设备，很有可能会被烧坏，或者是烧断熔断器。

人身触电事故：零线断线后，负荷侧中性点对地电压会变得相当高。人触及了这根零线就会触电。如果零线与电动机外壳相接，这时电动机外壳就会带电，同样会造成触电事故；如果零线与其他设备外壳或自来水管相连，这时可能会满房间带电。

单相线路的零线断后，所有客户的电子式漏电保护装置失去电源而停止工作，但是设备仍然带电，所以危险更大。

2. 维护好配电设备

农村低压配电设备，是指安装在配电变压器低压出口处或是生产车间电源总进线下面的刀开关、启动器、交流接触器、熔断器等设备。这些设备用来分配电能，同时兼承控制下一级设备的工作状态和保护运行设备，是最常见的电气设备。人们经常要安装、维护、更换的不是电动机，而是配电装置。电动机、家用电器损坏的原因，往往是配电设备没有起到控制与保护作用。例如，熔断器失效，把设备或是线路烧坏了；启动器应该合上3个触点，却只合上2个，结果把电动机烧坏了。配电装置规格型号很多，无论是刀开关或是熔断器，工作原理和工作要求基本是一致的。正确使用熔断器，可以以较小的代价保护重要的设备。熔断器的规格型号和熔丝的粗细，要保证与电网的电源大小相适应，又可以满足被保护设备对熔断时间的要求。

零线上决不能安装熔断器。在三相线路中,零线上安装熔断器,一旦零线熔断器比相线上的熔断器提前熔断,就和上述零线断线一样,会烧坏设备,甚至导致人身触电事故。在单相线路的地线(零线)上也不应安装熔断器,就像不应把开关装在地线上一样。零相保险熔断,该相线上的设备停止运行,检修人员会误以为这条线路没有电压,而实际上此时线路、负荷上全部带有电压,容易发生检修人员的触电事故。

3. 做好电气设备的保养和维护工作

(1)警惕电气设备工况的突然变化。要注意电气设备的转动情况,如电动机运行应该转动平稳、声音均匀、振动微小。如果声音和振动突然有变化,温度突然升高,说明设备内部工况有了较大变化。例如,轴承缺油、损坏,电动机绕组匝间短路,转子断条等,应该及时查找原因。不熟悉设备性能的客户,可以请电工帮助检查并消除故障。

(2)注意检查电气设备的温度变化。电气设备从停止到运转,温度由低到高,达到一定温度后逐渐稳定,正常时不会有很大的变化。电动机

或变压器的外壳在工作时温度比周围环境温度高，用手摸时发烫，也不会烫伤。如果设备温度突然升高，甚至可以闻到焦煳味，说明内部过热，立即停止运行设备，请电工进行检查。

温度变化是衡量电气设备工作是否正常的一个重要因素，通过电气设备的颜色变化可以反映出来。若电线接头处、刀开关刀口处颜色变暗，失去铜的光泽，说明温度过高，可能是接触不良造成的；如果颜色发黑且起皮，可能是长期过热造成的，可把设备停下来保养维护。如果发红，说明严重接触不良，需要立即把设备停下来检修。

（3）注意电气设备内部的声音变化。无论是电动机或是变压器，都要认真辨别设备内部声音的来源和大小，均匀还是跳跃，能大致判断出设备运行是否正常。就像医生用听诊器检查病人一样，电工可以借助听音棒来检查设备。听音棒是一根铜或铁棒，两头光滑，用时一端放在耳孔内，一端轻轻触及转动设备，可以清晰地听到设备转动的声音。如果发出均匀的、轻轻的"嘤嘤"声，说明转动正常；如果声音较大且有不规则的"咔咔"声，转动部分就可能存在问题。听变压器也是同样的道理，如果内部有"咝咝"声或轻轻的"噼里叭拉"声，就要做进一步的检查。

（4）注意电气设备防潮。特别是电气设备停止运行的时候，一定要放在干燥的地方。变压器要注意保持油位，不能让铁芯和绕组暴露在空气中。一般电气设备停止工作1个月，在重新工作前，应检查电气绝缘的好坏，最好是找专业电工进行检查。

4. 有事找电工

电气设备有了问题，找电工解决是最简捷可靠的办法。对于电气设备的检测、电源连接等工作，也不宜自己动手。即使是农村企业配有专职电工，也应该周期性地参加供电部门培训，提高预防和处理事故的能力。供电企业有责任指导农村客户如何安全用电，派出电工和技术人员周期性地在各村各组巡回检查，帮助客户解决农村电气设备使用中的难题，解决电气设备的维护保养问题。特别是在春灌前、三夏大忙前、秋收前，供电企业要有组织地到各村镇去检查农忙电气设备，绝缘是否良好，转动部分是否灵活，线路是否正常。农村客户也应该主动寻求电工的帮助，对于自己不会不懂的地方，不可盲干、蛮干。修建房屋、麦场用电、唱戏搭台等需要临时用电，应该请电工来动手。他们不仅会为你接好电源，还会为你提供必需的自动保护装置和计量装置，保证安全用电。

第十章　农村家庭用电安全

现在家用电器的安全标准比较高，合格产品漏电造成的触电事故可能性很小。经过大规模改造的农村电网"健康"水平有了很大提高，漏电保护装置的推广使用，有效地减少了人身触电事故。但是，中国农村触电伤亡、电气火灾等事故的比例仍然很高。家庭用电的安全问题主要来自4个方面。一是购买了不符合国家质量标准的伪劣假冒产品，有的是使用自制或是不具备生产条件的小作坊产品；二是室内布线不规范，容易断线导致人员触电，或是导线截面太小引发电气火灾；三是缺乏家用电器使用的基本知识，造成家用电器的损坏；四是随意将漏电保护装置退出运行，室内电路和电器失去保护，当发生漏电事故时不能及时切断电源。

一、接户线和进户线

从低压电力线路接户杆到用户电能表的一段线路叫接户线。从电能表出线端至用户配电装置的一段线路叫进户线。按照产权所属关系，从维护的角度来说，接户线的故障是由供电企业负责维修的，进户线（含电能表）的使用权和所有权属于用户，家庭用电安全主要由用户自己负责。

农村电网改造后，进户线路有的架空，有的是顺墙而行。进户线穿墙时，应套装硬质绝缘管，电线保护在室外应做到滴水弯，空墙绝缘管应内高外低，露出墙部分的两端不应小于10厘米；滴水弯最低点距地面小于2米时，进户线应加装绝缘护套。沿墙和房檐敷设的进户线要与通信线、电视线分开，交叉或接近时距离不小于0.3米。

二、家用小配电装置

1. 家用小开关

除特殊的开关外，都需要防潮防水。各种开关都应该控制电源的相线。接线开关是单极开关，只有一个能开断的触点，这个触点应该装在电源的相线上。在安装开关之后，应复查；当外部线路检修后，也应该再次检查，看相线是否装错位置。检查的办法很简单：拉开开关，用试电笔检查开关控制的电器上是否有电，如果试电笔发红说明开关安装位置错了，如果试电笔不亮则说明开关位置装对了。即使是这样，在检修或清洁家用电器时，如果没有能看见的断开点证明这台电器的电源两根接线的确是断开了，就只能认为这台电器还是带电的，要用试电笔检查。

2. 试电笔

试电笔是家庭必备的，用来检验电线、家用电器的金属外壳是否带电。普通低压试电笔的电压测量范围为 60 ～ 500 伏。低于 60 伏时，试电笔的氖管不会发光；对于高于 500 伏的电压，严禁用普通低压试电笔去测量，以免发生触电事故。

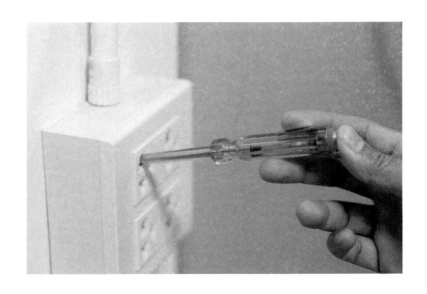

　　使用试电笔时，手指一定要按在试电笔的金属端盖，而不能接触试电笔前端的金属部分，否则，会发生触电事故。首先要检查试电笔内有无安全电阻，再检查试电笔是否损坏，有无受潮或进水现象，能正常发光的试电笔方可使用。大多数试电笔前面的金属探头都制成扁平头，可以作为改锥用，但拧螺钉时用力要轻，以防损坏。

　　3. 电源插座

　　电源插座有单相双孔、单相三孔、三相三孔和三相四孔之分，额定电压有 250 伏和 500 伏两种。家用插座多用单相双孔或单相三孔的，工作额定电流根据负荷选择，经常使用的有 10 安和 15 安的两种插座，15 安插座的间距较大。

　　安装插座时，相线与零线位置有统一的规定。当人面向插座，右手侧孔为相线孔，左侧为零线孔，中间孔为接地的接零孔；如果是单相三孔的插座，安装时中间较大的孔在上方，它可以接零或接地，在农村电

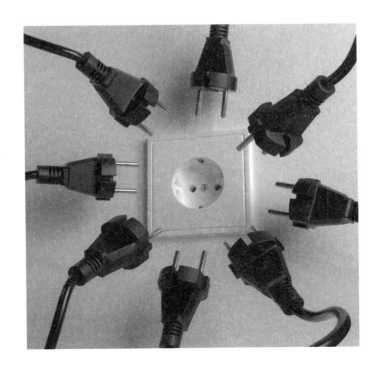

网中应接地。在建设规范的居民住宅会敷设接地网，插座的接地孔应接在接地网上。

插座安装的高低也有讲究。居家安装插座一般应高于 1.8 米；办公室安装插座，为了方便可采取低位安装，距地面高 0.3 米左右。

4. 电源插座板

由于家用电器使用越来越多，插座安装数量不足，所以很多家庭使用电源插座板。一是在购买插座板时，应选择有"CCC"认证标志的品牌产品。插头插座包括灯座、拉线开关和墙壁开关，生产投资少，工艺简单，生产小厂家很多，有的材料质量没保证，产品达不到要求。某次国家抽检插头插座，合格率均不到三成，移动式插座板 11 种全部不合格。因此，不要贪便宜购买无"CCC"认证的产品，否则会因小失大。二是要认真检查插座板的额定工作电流是否与所带电器的工作电流相称。插座板的额定工作电流是指它的总电流，如三联插座板（上面有 3 个插座）标定的额定电流是 15 安，就是每个插座都是按 15 安的额定电流配置的，可以插接工作电流不大于 15 安的电器；总电流也是 15 安，3 个插座总的电流加起来不应超过 15 安。所以不要以为，它可以在 3 个插座上同时插接工作电流为 15

安的电器，若同时接了会烧坏插座板的。

为了避免无意中烧坏插座板，最好不要把大功率的负荷如电视机、空调放在同一块插座板上，因为你控制不了它们启动的时机，如果多个电器同时启动插座板就会烧坏。插座板使用的塑料外壳要求用阻燃塑料制成，否则为不合格产品。

5. 电灯

一般电灯有螺口和插口两种。插口灯座的相线电极与零线电极都装在灯座内，比较安全，家庭用的比较多。螺口电灯灯座的两个电极，一个在灯座底部，是个圆的小弹簧片；一个电极是制成螺纹的圆筒形内孔壁，既作电极，又可以固定灯泡。因此，螺口灯座接线时应分清相线和地线的接线位置，不可接错。正确的接线方式是把灯座底部的电极接至电源相线，内孔壁的电极接至电源零线，接反了，就可能发生人身触电的危险。所以，螺口灯泡一般用于带有外罩的台灯、壁灯、罩式吊灯，手不易触摸到灯头。

三、正确使用家用电器

1. 家用电器放在干燥通风处

例如，明火电炉应放在用石板或石棉铺衬的桌上使用，如果放在潮湿的地上就可能漏电。洗澡间里潮气很大，所以要使用防水或防溅开关、插座，洗澡后还需打开门窗通风。

2. 湿手不摸带电的电器

不要用湿手去摸或用湿巾去擦带电的电气设备。清洁电气设备时应先拔掉电源。千万不要认为合格的家用电器就不会漏电。厂商提供的商品确实不漏电，但在灰尘和潮湿的特殊情况下也会触电。

3. 谨防小孩乱摸电器

采取预防措施，让孩子不能摸到插座和插座板。

4. 电气设备要有接地装置

洗衣机是防止漏电的主要对象，有的人听说木板可以防漏电，所以把洗衣机放在木板上，这样做是不对的。对洗衣机、移动式电风扇等固定放置，不要经常挪动，防止破坏它的电气绝缘；一定要在电器旁边做好接地线，才可以得到良好的保护。

四、谨防电气火灾

1. 短路

用电线路和家用电器发生短路时，电流会比正常工作电流大几十倍，甚至达到上千倍，并产生大量的热能，导致电气火灾。

2. 严重过载

有些家庭常常几个大功率的家用电器共用一个接线板，导致用电线路严重过载，易引发电气火灾。还有些家庭把电饭锅、电熨斗、电烤箱等长时间通电，也会引起电气火灾。

3. 电器散热不良

电灯和电熨斗等，都是利用电流的热能工作的家用电器，若使用不当，均有可能引起火灾。

4. 接触不良

导线与导线、插头与插座、灯泡与灯座接触不良，都会导致接触点过热，引发电气火灾。

5. 家庭用电安全隐患

一般家庭电路由进户线、电能表、总开关、断路器和漏电保护器、插座、开关和用电器等组成，如下图所示。

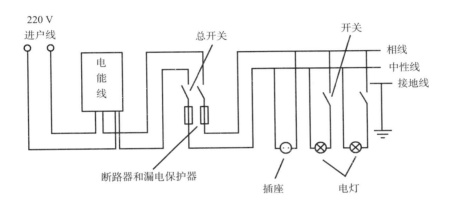

家庭用电的安全隐患，包括没有接地线、接地不良、开关插座质量不合格、开关插座老化、装修接错线、线路混乱、用电超负荷等。电线与燃气管道的安全距离不够，线路老化、超负荷用电等，也存在安全隐患。如果家庭没有安装漏电保护器，则用电安全隐患会更大。有的家庭电线过细，家用电器数量增多后，可能引起电线的塑料绝缘套熔化燃烧，引发火灾事故。要经常检查家中各种电器的电源插头情况，保持插头的良好导电性能。像电饭煲等大功率电器，如果插头发热，说明插头有故障，导电性能不好，应及时更换。特别是电冰箱的插头长期不拔，应定期摸一摸插头发不发热，否则，容易发生意外。在浴室内使用电吹风，容易受潮后线路短路，对人身安全构成威胁。

6. 预防电气火灾措施

（1）正确使用电炊具。使用电炊具要养成随手开关电源的习惯。有的人因为有急事突然走开，忘记关掉电源；有时突然停电，各种电器的指示灯全部熄灭，不知道它们的电源是否开着，就去干别的事情。这样很容易烧干锅，进而引发火灾。

电饭锅可以长期带电，以便保持锅里的饭菜在60℃左右。这种自动功能，是因为紧贴着锅底有个磁性温度测量器。当锅底低于100℃时，磁力紧紧吸住双金属片，保持接通电源；如果锅底超过103℃，磁性就突然消失，切断了电源。这样在煮稀饭的时候，锅里有水，水温不会超过100℃，可以长期工作；水烧干了，开始焖米饭，升高到103～106℃时，磁测量器会自动切断电源，进入保温状态。但是，如果是个空锅，就不一样了。空锅的温度变化太快，双金属片触点频繁地接通、断开，时间稍长触点就可能烧坏，电源一直不能断开，烧坏电饭锅那是肯定的了，搞不好，还会造成电气火灾。所以，电饭锅长期带电的时候，锅里应有一定量的食物。

（2）定期检查和维护家庭用电线路。重点查看导线接头的接触是否良好。一般导线接头有绞接、接线端子连接以及焊接等几种。焊接得比较牢靠，时间久了接触电阻就会发热，加剧接头氧化，形成恶性循环。如果提早发现、及时处理，就会安全得多。

（3）预防过电压。一般家用电器的额定电压都是220伏，正常情况下，电网供给的电压应稳定在198～235伏，家用电器可以正常工作。当电压超过允许变化范围，电压过高、过低，电气设备就不能正常工作。

（4）保护好零线。农村低压电网的零线断开，单相电压可能升高较多，造成家用单相电器损坏。当发生这种故障时，电灯会突然不亮，空调或洗衣机的电动机会发出强烈的"嗡嗡"声。如果家中有总电源应立即关掉，没有总电源，要迅速关掉各个电器的电源，以免事故扩大。平时应注意保护线路不受损坏。

（5）防止接错线。引入室内的220伏线路，应由一根相线与一根地线组成。在新安装或者检修线路后，有时错误地引入两相线，两电线间的电压就变成了380伏，家用电器会立即烧坏。所以，新安装的线路或是新检修的线路，要在测量电压无误后再使用电器。如果没有测量仪表，可以先接上一盏电灯，如果电灯亮度正常，说明电压基本正常，其他家用电器才可以使用。

（6）防止高低压线路搭接。由于低压线路总是从高压线路下面穿过，一旦发生高压线路断线事故，断线搭在低压线路上，低压线路的电压就会立即升高。此时，家用电器发出"噼噼啪啪"的响声并有焦煳味。在这种情况下，任何人靠近线路或是电器都可能遭到强烈的电击，非常危险。因此，千万不要为了抢救家用电器而去动开关。

（7）采取防雷措施。在雷电活动频繁的地区，低压电网也会遭到雷电的袭击，要采取避雷措施。供电企业应在变压器低压侧母线上安装避雷器；在线路进入家庭前，将进户线的绝缘子支持螺杆接地和安装低压避雷器。

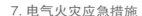

7. 电气火灾应急措施

万一发生了电气火灾，要迅速安全切断火灾范围内的电源。如果知道控制电源开关的位置，用拉闸的方法切断电源是最安全的。如果一时找不到电源开关的位置，可以用电工钳或干燥的木柄斧子切断电源（这里说的是低压电源，绝不是高压电源）。将电源的火线、零线分别在不同位置切断，否则，会引起电源短路，引发更大的灾难。切断电源线时要保证有支持物，防止导线剪断后落在地上，造成接地或触电危险。需要注意的是，在电气用具或插头仍在着火时，千万不要用手去碰电器的开关，要使用不导电的灭火器。如火势迅猛，又一时找不到电源所在，或因其他原因不可能切断电源时，就只得带电使用干粉灭火器灭火，而不能用水或泡沫灭火器灭火。如果是电视机或电脑着火，应该用毛毯、棉被等扑灭火焰，迅速拨打"119"或"110"电话报警。

五、家庭安全用电技巧

1. 家庭电气装修

进行室内电气装修，应聘请经过考试合格、具有进网作业许可证的电工，可以保证电气装修质量。按照国家有关规定，电路安全责任以安装电能表为界，安装电能表前由供电部门负责，安装电能表后由用户自己管理。

根据电路设计要求，电能表、漏电保护器、开关、插座、电线、灯具等都要互相匹配。护套管要采用PVC阻燃管，导线必须采用铜芯线。切不能为了省钱，购买劣质电工材料，否则，后患无穷。电工材料须选用具有"CCC"标志的品牌产品。

（1）在住宅的进线处，一定要加装带有符合国家现行标准的漏电保护装置。一旦家中发生漏电现象，如电器外壳带电、人身触电等，漏电开关会跳闸，从而保证家人安全。

（2）室内布线一定要规范。将插座回路和照明回路分开布线，插座回路应采用截面直径不小于 2.5 毫米的单股绝缘铜线,照明回路应采用截面直径不小于 1.5 毫米的单股绝缘铜线。大容量电器(如空调、电热水器)配置独立的大容量插座和回路,采用截面直径不小于 4 毫米的单股绝缘铜线。

(3)敷设电线应穿 PVC 阻燃管保护,不得直接埋设在墙上的抹灰层内。因为直接埋墙内的导线已"死"在墙内,抽不出、拔不动,一旦某段线路发生损坏需要调换,只能凿开墙面重新布线。布线时,中间还不能有接头和扭结,因为接头直接埋在墙内,时间久了接头处的绝缘胶布就会老化,造成漏电。另外,大多数家庭布线不会按图施工,也不会保存准确的布线图纸档案。在墙上钉钉子时,不留意就可能钉到直接埋在墙内的导线,造成短路而触电伤人,甚至引发火灾,所以,电线一定要穿管埋设。但应注意,室内的弱电线路(电视信号线、电话线、网络线等)不能与 220 伏电线穿在同一根管子里。

(4)插座设置要超前。家庭用电器在不断增多,插座数量要考虑到长远需求,以避免临时拉电线加接插座板。所有插座都应远离水源,阳台或卫生间内宜选防水防溅插座。插座的安装高度距地面 1.3 米,最低不应低于 0.15 米。单相二孔插座接线时,面对插座的左孔接零线,右孔接相(火)

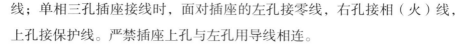

线；单相三孔插座接线时，面对插座的左孔接零线，右孔接相（火）线，上孔接保护线。严禁插座上孔与左孔用导线相连。

（5）壁式开关的安装高度，一般距地面不低于 1.3 米，距门框 0.15 ~ 0.20 米。开关接线应接在被控制的灯具或电器的相（火）线上。

吊扇安装时，扇叶距地面不少于 2.5 米。吊灯安装时，灯具 1 千克以下时，可利用软导线作自身吊装，但在吊线盒和灯头内的软导线必须打结；灯具超过 1 千克时，应采用吊链 / 吊钩等，螺栓上端应与建筑物的预埋件衔接，导线不应受力。

2. 客厅用电安全

一般农村家庭中的客厅通常在一楼，是电气线路最复杂的场所之一。如电视机、柜式空调机、电风扇、电热取暖器等，基本上都是放置在客厅中，对这些电器要经常进行检查是否安全。在用电器没有接入电路的前提下，看一看或者用手摸一摸用电器外壳的绝缘部分是不是破损，连接电路电线的外表是不是有损伤（农村老鼠比较多，老鼠喜欢咬电线的绝缘层）。如果发现有损伤，应立即修复。

客厅中有各种插座，有的是固定在墙上，有的是放在桌子上（如可以移动的多用电源插座），这些插座一定要保持干燥。如果在客厅喝水、倒水时不小心将水洒到插座里，人接触插座就存在触电的危险。

有的客厅中安装了低位插座，距离地面只有 30 毫米左右，如果使用拖布清洁地面，不小心把水溅到插座里，就容易发生触电事故。

冬季在客厅使用大功率取暖器时，如果闻到有焦煳味，就是电气火灾的前兆，立即将家里电路总闸关掉，进行检查。如果没有切断电源，切忌用水去灭火，避免引发触电事故。

农村家庭客厅的插座常常是临时用电的取电点。例如，举办红白喜事宴请时用电，农忙时在自家庭院的晒场上部分农机具用电等。一定要注意临时线路的合理架设，可采用架空线路，也可以采用硬质的 PVC 管穿线敷设，不要让电线直接裸露在地面，以免行人踩踏损坏电线的绝缘层而引起触电事故。同时，还要算一算插座和临时用电的电线能不能承受负载的功率，避免超负荷运行带来安全隐患。

3. 禁止用"一线一地"来照明

"以地代零"和"一线一地"照明，这是十分危险的。所谓"一线一地"，是指用电时只用一根火线，自己另外接一根地线，从而达到窃电的目的。要知道自行接地是很危险的，切不可采用！用自来水管作为"地线"的"一线一地"用电，经常会造成水管带电，有些村民在洗澡时会有麻电的感觉，甚至引起严重的触电事故和火灾事故。此外，"一线一地"还会造成大片区域的电压不稳，甚至会损坏家用电器。用"一线一地"安装的电灯，极易造成触电事故。因为"一线一地"的电流是一相电源通过电灯后直接入地形成回路的，当开灯时有人拔起接地极就会触电。这种触电方式具有更大的危险性，全部电流都会流经人体而入地，触电的人十有八九会死亡。

4. 年限较长的灯具、开关和插座需更换

根据有关规定，合格的开关产品必须能开闭 2 万次以上，插座产品则要求插拔 5 000 次以上，而对于开关面板的使用年限，目前国家尚未出台相关的强制性规定。一般使用 10 ~ 15 年的灯具、开关和插座，最好全部更换。因为任何电器产品都有使用寿命报废期，超过年限绝缘性就会下降。由于使用年限较长，灰尘、油污、潮湿等因素均会导致这些产品的绝缘性能下降；高温、寒冷气候和电器本身的发热等因素，也有可能导致电工胶木老化、断裂；如果产品经常在超负荷条件下工作，弹簧和接触电极就容易发热变形，使用寿命将大大缩短。

5. 电气设备保护措施

（1）保护接地：为了防止电气设备外露的导体意外带电造成危险，将该电气设备经保护接地线与深埋在地下的接地体紧密连接起来，叫做

保护接地。如电机、开关设备、照明器具及其他电气设备的金属外壳，都应接地。一般在低压系统中，保护接地的电阻值应小于4欧。

（2）保护接零：保护接零就是把电气设备的金属部分与电网的零线紧密连接起来。在三相四线制的电力系统中，通常是把电气设备的金属外壳同时接地、接零，这就是所谓的重复接地保护措施。注意零线回路中，不允许装设熔断器和开关。

6. 禁止照明开关安装在零线上

照明开关和单相小容量用电设备的开关都应安装在火线上，这是用电安全的一个基本常识。如果将照明开关装设在零线上，虽然断开时电灯也会熄灭，但灯头的相线仍然是接通的。一般人都认为灯不亮就是处于断电状态，因此，把照明开关安装在零线上是十分危险的，非常容易发生触电事故。

7. 电能表的选用与家用电器的功率

在生活中常常发生电能表损坏的现象，究其原因，很可能是没有根据家用电器的总功率来选用电能表。农村居民选择电能表的原则，是电器负荷的上限不超过电能表额定最大电流，下限不低于标定电流的5%，也就是不低于启动电流。

首先计算出家用电器的总功率，再按公式计算出最大电流，即电流＝功率÷电压。

根据计算出的电流，选择相应规格的电能表。例如，家用电器总功率为1 650瓦，折算成电流=1650÷220=7.5（安），则选择一只规格为5（20）安的电能表即可。

在家用电器总功率一定的条件下，若电能表的电流安培数选择过小，则容易被烧坏。

　　根据自己家里的用电情况，用电器每天的平均使用功率和使用时间，按照公式用电量＝功率（千瓦）×时间（小时），可算出每天的用电量，然后计算出 1 个月的用电量来。常用家用电器的功率见下表。如果与电能表计量数相差太多，则应对电能表进行检验。

常用家用电器的功率

电器名称	一般电功率（瓦）	估计用电量（千瓦·时）
窗式空调机	800 ~ 1 300	最高每小时 1.3
壁挂式空调机	1 500 ~ 2 500	最高每小时 2.5
柜式空调机	1 500 ~ 3 000	最高每小时 3
家用电冰箱	65 ~ 130	每日 0.85 ~ 1.7
家用洗衣机（双缸）	380	最高每小时 0.38
电热淋浴器	1 200	每小时 1.2
吊扇（大型）	150	每小时 0.15
吊扇（小型）	75	每小时 0.08

8. 家庭安全用电禁忌

忌用铁丝、铜丝等代替保险丝。

忌电器不按规定接地。

忌随意增加大容量电器（空调、电炒锅、电热水器等）。

忌电线表层绝缘层有破损仍然继续使用。

忌导线绝缘层受机械压力破坏。

忌刚洗澡、洗脸后，水没干就用手按电器开关。

忌在照明灯具附近放置可燃物。

忌电器使用后不切断电源。

忌直接用水扑救电气火灾。

忌用医用胶布或其他非绝缘物包裹电线接头和电线破坏处。

忌用普通剪刀切削带电电线。

忌台扇、落地扇、洗衣机、电冰箱等使用两孔电源插头（使用三孔插头也必须装设可靠的接地线）。

忌在埋电源线处乱钉钉子或用钻头打孔。

忌用湿手、湿布更换或擦拭灯泡、灯管等。

忌把电线直接埋墙内，或用单根线、软线敷设墙壁暗线。

9. 节电小窍门

（1）电冰箱的正确使用与保养。电冰箱箱体的两侧和背面要各留10厘米以上的空间，有利于散热，提高制冷效率。电冰箱要摆放得十分平稳，防止在工作时产生噪声。电冰箱在切断电源后，需要等待3～5分钟后方可通电使用。在冰箱内不可放置一些强酸性、强碱性，有腐蚀性、易挥发的有机溶剂，冰箱内外部经常保持清洁和干燥，冰箱内1个月左右就需要清洗一次。清洗时先切断电源，然后柔软的抹布沾些温水（或中性肥皂水、中性洗洁净等）轻轻擦洗，最后擦干即可。严禁用热开水或汽油、苯等有机溶剂擦洗冰箱。经常擦拭裸露在箱体后部的金属部件，以利于散热，提高制冷效率。冰箱长期停用时，必须将内外表面擦干，并让箱门略留点缝隙，放置在有干燥通风的室内，以防止受潮发霉。

（2）电风扇节电小窍门。由于电风扇行业技术门槛低，市场上产品质量参差不齐，所以，一定要选择知名品牌、保证质量的产品。有些风扇全部采用全封闭的电动机和航空润滑油，这样运转时摩擦才会更小，耗电量也就更少。将电风扇搭配空调一起使用，空调温度设定在 26 ~ 28℃，则省电又省钱。一般扇叶大的风弱，电功率就大，消耗的电能就多；电风扇的耗电量与扇叶的转速成正比，平时先开快挡，气温凉下来后再用慢挡，这样可减少耗电量。在风量满足使用要求的情况下，尽量使用低挡或慢挡。使用时，风扇最好放置在门窗旁边，便于空气流通，提高降温效果，缩短使用时间，减少耗电量。平时注意风扇的维护，保持它的良好性能，避免风叶变形、晃动，这样在一定程度上也有利于节省电能。

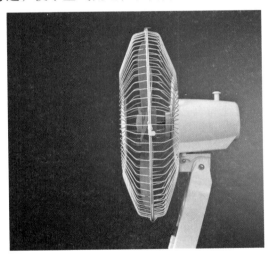

（3）正确选购节能灯。

产品信息检查：查看节能灯的标识是否齐全，一般正规产品都有注册商标、厂名、厂址、联系电话，还有"三包"承诺等。

外观检查：质量好的节能灯外表光洁，无气泡，灯管内的荧光粉涂层细腻，无颗粒，呈均匀白色；灯头与灯管呈垂直状态，不应有倾斜；灯头与电源的接触面平整。

通电检查：开灯 5 秒后，再关 55 秒，观察灯丝有无发黑发黄，没有则说明该节能灯较好。此外，还可观察灯管在通电瞬间的发光情况。灯管发光先有点暗，几秒后突然变得很亮，这样的灯管比一通电立刻就变得很亮的灯管使用寿命更长。优质节能灯的光线完全与白炽灯一样，给人以一种舒适的感觉。劣质或者假冒产品则不具备这样的特点，所发的光像蒙了

一层灰一样，让人很不舒服。用这种灯光照射物品，颜色会失真。

动手体验光照：顺时针或逆时针轻轻旋转灯头，观察灯头的灯体是否有松动；用手摇晃节能灯，若灯管的塑料件之间连接牢固，就不会有响动。

10. 家庭安全用电防范技巧

（1）进行电气操作时，只能使用带有绝缘层的电工钳，且保证电工钳的绝缘符合要求。

（2）电工对保险丝盒或断路器盒进行操作时，要站在干燥的板子或木制平台上。同时，应使用木制活梯来代替铝质活梯，以尽可能降低触电的危险。

（3）绘制家中的插座供电线路图，贴到断路器或保险丝盒中，这样可以节省维修的时间。

（4）家庭电气系统正确接地对于安全用电至关重要。因为电流总是沿着电阻最小的路径流动的，如果电气设备或其他电气部件没有接地，那么这条路径可能就是人体。

（5）家里成员都应知道电源总开关在哪里和如何关闭，出现危急情况时可以及时切断整个电路。除非使用万用表或通过断开插头等方法确定没有电，否则，应始终认为电气插座或电气设备是通电的。当电源线的绝缘层恰好在金属框架处磨损时，如果金属导线与金属框架接触，就会导致整个电气设备带电，人易触电。最好是确保整个系统接地并且接地电路没有中断，这样才能确保电气系统的安全。

（6）做到人走断电，维护检查要断电，要有明显的断开点。家庭使用的用电设备总电流，不能超过电能表和电源线的最大额定电流。

（7）家庭用电，一定要在电能表的出线侧安装一只漏电流过电压双功能保护器，以便在家电设备漏电、人身触电、供电压太高或太低时自动跳闸而切断电源，保护人身和设备的安全。

（8）安装布线符合要求。电源插座、灯头、开关等的安装高度应符合国家规定要求。暂时用电时要请专业电工按规定敷设，用完后应立即拆除。不能用传输线代替电源线，不能用医用白胶布代替绝缘电工胶布。

第十一章　农村触电事故及其急救

　　触电又称电击，人直接或间接地触及带电物体，或是靠近高电压被放电电弧击中，都会对人体造成伤害。

　　人体触电伤害程度不仅与通过的电流大小有关，与时间关系也很大，即使流过体内的电流很大，但是时间极短，触电人也可能不会受到严重的伤害。人们常见明显触电现象，少见缓慢触电现象。人体触电电流很小时不会有明显的感觉，但随着通电时间增加，则会产生一种昏昏欲睡的感觉，甚至睡去。电流对人体内部组织的损伤分为电击和电伤两种，85%以上的触电死亡事故是由电击造成的，70%是有电伤成分的。在触电伤亡事故中，电烧伤约占40%。

　　电击是指电流通过人体，人体内部组织受到较为严重的损伤。电伤则会使人觉得全身发热、发麻，肌肉不由自主的抽搐，逐渐失去知觉。电伤从外观上看，一般有电弧烧伤、电烙印和熔化的金属渗入皮肤（称为皮肤金属化）等。电击和电伤，对触电者的身体都是有危害的，严重时都会造成人死亡。

一、让触电者脱离电源的方法

　　发现有人触电后，在未采取绝缘措施前，救护人员不得直接用手接触触电者，以免触电。让触电者脱离低压电源，可采用"拉、切、挑、拽、垫"五字法，就近拉开电源开关。但应注意，普通的电灯开关只能断开一根电线，有时由于安装不符合标准，可能只断开了零线，而不是断开了电源，因此，人身触及的电线仍然可能带电。

当电源开关距触电现场较远或断开电源有困难时，可用带有绝缘柄的工具切断电源线。切断时，防止带电电线触及其他人。

当电线搭落在触电者身上或被压在身下时，可用干燥的木棒、竹竿等挑开电线，或用干燥的绝缘绳套拉开电线或触电者，使触电者脱离电源。

救护人员可戴上手套或在手上包缠干燥的衣物等，拖拽触电者脱离电源。如果触电者的衣物是干燥的，又没有紧缠在身上，救护人员才可用一只手抓住触电者的衣物，将其拉开，脱离电源。

如果触电者由于痉挛而手指紧握电线，或者电线紧缠在身上时，可先用干燥的木板塞进触电者的身下，使其与地面保持绝缘，再采取其他办法切断电源。

在触电事故中，当触电者脱离电源后，尽量将其移至通风干燥处仰卧，松开衣领和裤带，让其呼吸道畅通。对受伤者的急救应分秒必争，千万不能等救助医生到来后再施救。

二、触电急救原则

触电急救四原则，即"迅速、就地、准确、坚持"。

"迅速"，就是首先要使触电者迅速、安全地脱离电源，这是现场抢救的关键步骤。

"就地"，就是在触电者脱离电源后，立即在现场或附近就地进行抢救。一般情况下，在人触电 5 分钟以内能现场抢救，救生率可达 90%；在人触电 10 分钟以内能现场抢救，救生率可达 60%；在人触电 15 分钟才抢救，则希望甚微。关键是采取正确急救方法，以避免延误时机和提高成功率。

"准确"，就是在触电者脱离电源后，必须立即准确地判断触电者受到的伤害程度，是否能自主呼吸。不能自主呼吸者进行人工呼吸；能自主呼吸者，不能强行做人工呼吸。

"坚持"，就是坚持抢救到底。在发生的触电伤害中，大多数人都是"假死"状态，因此，只要有百分之一的希望，就要全力以赴，施行人工呼吸心肺复苏术。只有确认触电者已死亡时，方可停止抢救。如触电者心跳和呼吸停止，瞳孔放大，出现尸斑、尸僵、血管硬化，这5个征象中如果有一个未出现，也应当作"假死"尽力抢救。

三、针对触电者实际情况进行急救

对神志清醒，能回答问题，只感到心慌、乏力、四肢发麻的轻型触电者，让其就地休息1～2小时，迅速请医生到现场救治。刚脱离电源的触电者不能立刻走动，否则，会加重心脏负担，甚至死亡。

若触电者一度昏迷但未失去知觉，有呼吸，应抬到空气清新的干燥地方静卧休息，可暂不做人工呼吸。要迅速打120急救电话或与附近的医院联系，请医生来现场及时救治。

如触电者已经失去知觉，呼吸困难或者逐渐衰弱，并出现痉挛，应立即做人工呼吸，切忌对伤者采取泼冷水、针刺人中、注射强心剂等做法。

如触电者意识丧失，应在10秒内用"看、听、试"的方法判定伤员呼吸和心跳情况。看，看伤员的胸部、腹部有无起伏动作；听，耳朵贴近伤员胸部和口鼻处，听有无心音和呼气声音；试，用薄纸或发丝放在伤员鼻孔处，测试有无呼吸的气流，用两手指轻试一侧的颈动脉喉结旁凹陷处有无搏动。若看、听、试的结果为既无呼吸、心音，又无颈动脉搏动，可判定伤者的呼吸、心脏停止，立即进行人工呼吸和心肺复苏抢救。

对于触电重伤意识丧失者，要坚持做人工呼吸，心脏停止跳动者坚持做心肺复苏按摩，暂时不要转移地方，并请医生来现场抢救。如果不具备现场抢救条件，需要转移到医院抢救者，沿途也不能停止人工呼吸和心肺复苏。

如伤员心跳和呼吸经抢救后均已恢复，可暂停心肺复苏操作；但心跳、呼吸恢复的早期有可能再次骤停，应严密监护，不能麻痹，随时准备再次抢救。

在伤员恢复初期，有可能出现神志不清或精神恍惚、躁动的情况，应设法使其保持安静。

四、适时送到医院

心肺复苏应在现场就地做，不要图方便而随意移动伤员；如确实需要移动时，抢救中断时间不应超过30秒。现场抢救能使触电者恢复呼吸，待呼吸、心跳稍微稳定后送医院进一步治疗。其目的主要是不影响人工呼吸和心肺按摩，使触电者保持平静安稳的状态，有利于抢救。

如果因为条件限制，必须移动伤员或将伤员送往医院时，应使伤员平躺在担架上，背部垫以平硬的阔木板，在移动或送往医院过程中继续抢救；对心跳呼吸停止者也要继续心肺复苏抢救，在医务人员未接替救治前不能中止。

用塑料袋装入碎冰屑做成帽状，包在伤员头部，露出眼睛，使其脑部温度降低，有利于心肺脑完全复苏。

五、实施急救操作——心肺复苏术

在触电者的呼吸和心脏均已停止时，立即施行畅通气道，口对口（鼻）人工呼吸，胸外按压（人工循环）的心肺复苏术。

1. 保持呼吸道畅通

对触电者进行人工呼吸时，始终确保呼吸道的畅通。清理伤者口腔内异物，将身体及头部同时侧转，迅速用两个手指交叉从口角处插入，取出异物，防止将异物推进喉咙深部。

保持伤者畅通呼吸道，可采用仰头抬颌法。用一只手放在触电者前额，另一只手的手指将其下颌骨向上抬起，两手协同将头部推向后仰，舌根随之抬起，呼吸道即可通畅。

严禁用枕头或其他物品垫在伤者头下。伤者头部抬高前倾，会加重呼吸道的堵塞，且使胸外按压时心脏流向脑部血液减少，甚至消失。

2. 正确使用口对口（鼻）人工呼吸法

人工呼吸法主要是采取人工的气体交换方法，促使伤者肺部膨胀和收缩，以达到恢复其自主呼吸功能的目的。

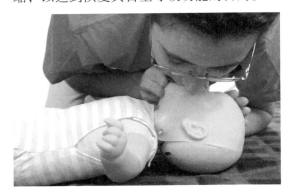

救护人蹲在伤者一侧，用一只手捏住其鼻翼，另一只手抬高伤者下颌，使其口张开；救护人在深呼吸后，把口紧贴伤者的口，缓慢而均匀地吹气；伤员胸部扩张，救护人抬头换气，放松伤员鼻翼，使其自动呼气（排气）。吹气速度，对成年人吹气 2 秒，停 3 秒，每分钟 12 ~ 16 次；对儿童不必捏紧鼻翼，任其自然呼气，吹气为每分钟 16 ~ 24 次；吹气量要适当，以免引起伤者的胃膨胀或肺泡破裂。

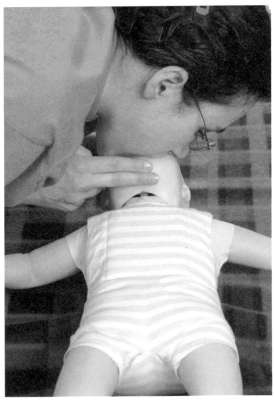

吹气和放松时应观察伤员胸部是否有起伏的呼吸动作，吹气时如有较大阻力，可能是伤者头部后仰不够，应及时纠正。如伤者牙关紧闭，可口对鼻进行人工呼吸。口对鼻人工吹气时，要将伤者嘴唇紧闭，防止漏气。在不漏气的情况下，先连续大口吹气两次，每次 1~5秒。如两次吹气后试测伤者颈动脉仍无搏动，可判断心跳已经停止，要立即同时进行胸外按压。

3.正确使用胸外按压法

人工胸外按压法是在伤员胸外人工挤压心脏，促使心脏跳动，以达到恢复其血液循环功能的目的。

救护人员必须采用正确的按压姿势。使伤者仰面躺在平硬的地上，救护人员站立或跪在伤者一侧肩旁，两肩位于伤者胸骨正上方，两臂伸直，肘关节固定不屈；两手掌根相叠，并将手指翘起，不要接触伤者胸壁。

按压时，救护人员要以髋关节为支点，利用上身的重力，自上而下垂直均衡地将伤者胸骨压陷3~5厘米（儿童和瘦弱者酌减），以压出心脏里的血液；掌根立即放松，但不得离开伤员胸壁，使伤员胸部自然恢复原状，心脏扩张，血液再回到心脏里来。

救护人员必须掌握正确的按压位置。即右手的食指和中指沿伤者的右侧肋弓下缘向上，找到肋骨和胸骨接合处的中点；两手指并齐，中指放在切迹中点（剑突底部），食指平放在胸骨下部；另一只手的掌根紧

抬，食指上缘置于胸骨上；手掌的根部就是正确压点。

胸外按压要均匀，每分钟80次左右，每次按压和放松时间应相等。胸外按压与口对口（鼻）人工呼吸同时进行，单人抢救时，每按15次后吹气2次

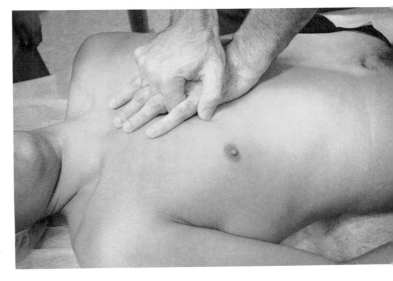

（15：2），反复进行；双人抢救时，每按压5次后由另一人吹气1次，反复进行；按压与吹气动作必须交替进行、配合得当，按压时不要吹气，吹气时不要按压，以免损伤伤者肺部和降低通气的效果。

4.正确抢救过程中的再判定

采用上述方法抢救，一般需要较长时间，必须注意随时观察伤者的恢复状况。在按压吹气1分钟后（相当于单人抢救时做了4次15：2压吹循环），采用看、听、试的方法，在5～7秒内判定伤者呼吸和心跳是否恢复。若判定伤者颈动脉已有搏动但无呼吸，则暂停胸外按压，再进行2次口对口人工呼吸，接着每5秒时间吹气1次（即每分钟12次）。如伤者脉搏和呼吸均未恢复，则继续坚持心肺复苏法抢救。

在抢救过程中，要每隔数分钟再判定一次，每次判定时间不得超过5～7秒。在医务人员未接替抢救前，现场抢救人员不得放弃现场抢救。